大樂文化

大樂文化

大樂文化

埃森哲顧問教你6堂

回報的話術

一番伝わる説明の順番

重新排列你的「說話順序」，就能讓對方聽得頻說好

田中耕比古◎著　黃立萍◎譯

CONTENTS

第2章

我的回報太長、他的問題刁鑽怎麼解？

第3章

報告前，把想說的話寫在紙上！ 083

第4章

報告時，學會製作你的「說明地圖」！ 117

第5章

第6章

養成9種日常思考習慣，你也能成為簡報高手！

推薦序

掌握說話順序，讓你溝通說明更具魅力

悅思捷管理顧問有限公司總經理 柯振南

巴菲特說：「如果你不能溝通，就像是在黑暗中對女孩眨眼睛──什麼事都不會發生。你也許擁有全世界的智慧，但你必須能傳送出去，傳遞就是溝通。」

在任何場域，溝通都是一項重要技巧。具備良好的溝通能力可以事半功倍，更凸顯出你的說話魅力，而溝通不良會增加無謂的時間與成本。

然而，我們常會碰到有人說話沒有重點與邏輯，用字遣詞難以理解，即使聽他說了老半天，腦袋還是一團亂。之所以會產生這個現象，大多是因為說話者未能站在聽者的角度思考，或是弄錯表達順序。

善於溝通的人說話時，會抓住重點、長話短說，並隨時注意對方的立場、思緒和理解程度。不善溝通的人通常沒意識到對方的理解程度，也沒整理好對方的思緒，甚至不確定自己想說什麼。

若要提升溝通與說明能力，應確實掌握想傳達的內容，同時整理好思緒與資訊，再以對方能理解的順序表達。

本書強調要重視說話順序，我在企業講授溝通協調課程時，也常跟學員談到這一點，尤其在正式的談話或簡報中更應注意。即使談話內容相同，若調整成聽眾想聽的順序，他們感受到的印象或理解程度就會有所不同，這也是說話的藝術。

對主管或客戶簡報時，應該先從結論談起，若時間充裕，再談過程細節。而且，應注意在提出結論前，先和對方共同掌握前提（談話範圍、理解狀況、資訊），以幫助雙方在同一水平線上對話。

面對不同業界的專業人士，我建議先簡單說明事情的來龍去脈，用容易理解的詞彙，整合對方與自己的知識水平，對話才能順暢。說明時切記不要流於主觀想法，應該根據客觀事實與邏輯，才容易使人信服。

優秀的業務人員必須具備優異的說明能力，才能在短時間內讓顧客理解自家商品的優點。有魅力的講師或顧問都能用淺顯易懂的話語，說明艱深難懂的事物，受歡迎的演講者更是字字句句皆能打動聽眾的內心。若想成為說明高手，不妨參考本書介紹的技巧。

作者點出了一般人說話時經常不自覺犯下的毛病，這些問題普遍存在於職場和日常生活中，大家不一定會發覺，但書中的提醒對於讀者而言，有如暮鼓晨鐘般受用。

本書內容著眼於說明的能力，及其背後思考的概念，相信學會這些方法，並善加練習與運用，必定能增進溝通與簡報的能力。

推薦序

想要一談就贏，順序遠比你想像得更重要！

秒殺課程「一談就贏」創辦人
知名企業管理講師
鄭志豪

市面上有許多書籍打著「麥肯錫」旗號，我曾經在一項全球大型專案與麥肯錫的顧問合作，也認識不少在波士頓諮詢公司（BCG），或其他世界知名企管顧問公司服務的朋友。我常常納悶，每家企管顧問公司都有各自的諮詢絕活及問題解決方法，怎麼台灣市場幾乎只看得到麥肯錫的著書立說呢？

所幸，這本《埃森哲顧問教你6堂回報的話術》在台灣問世了！在我剛出道時，埃森哲（Accenture）是我最常請益的企管顧問公司。我撰寫趨勢及企業管理新知的文章時，台灣的埃森哲高層每每貢獻出領先全球的前瞻觀點，同時結合他們在企業內實際導入的相關經驗，讓我獲益良多。這對我往後在各大知名企業中帶領不同領域的團隊，也有深遠的影響。

目前，我擔任各大企業培訓課程的講師，最擅長的領域是談判、銷售和領導，而獨家設計的「一談就贏」課程，更是國內最熱門的談判公開班。

面對來自不同企業、部門，具備不同專業背景的菁英，我經常被詢問的問題是：明明說得有道理，為什麼老闆就是不接受？

即便將老闆換成主管、同事、客戶，或者生活中有機會互動的任何人，狀況都是類似的，不是認為「自己明明說得很清楚，但對方聽得很模糊」，就是覺得「自己說得很認真，但對方老是不當一回事」。

其實這些問題都有方法可以解決。許多人常以為有理就能走遍天下，但即使滿腹道理，想要真的一談就贏，還是得學會正確的表達方式，才能被多數人接受，讓夢想成真。

從本書可以發現，順序遠比多數人想像得更重要。參加我課程的學員不乏跨國企業的高階主管，當我希望他們更改執行順序，大至一個提案、小至幾句對話，總會有人不服氣地說：「這樣有什麼不可以？」

當我反問他們為什麼不服氣時，答案通常不外乎「之前都是這樣說」，或者「別人都聽得懂我在講什麼」，而這正是本書提到說明失敗的三大主因：只依照自己思考的順序表達、不在乎對方是否能理解、不在乎對方是否對自己的話感興趣。

本書之所以實用，在於作者提供具體工具，協助讀者把回話的焦點聚集在主幹，而非過於發散的枝葉。同時，利用概述和具體化兩個方法，讓傳達的內容更有價值。

本書提到的解決方法，能幫助弭平「自己想表達的事」和「對方想知道的事」之間的資訊落差，肯定能讓讀者值回票價。從徹底思考到有效說明，希望這本書能讓各位收穫滿滿！

前言

把說話順序倒過來，意思大不同！

為什麼以為對方聽得懂？

「我不太懂你想說什麼。」
「所以你到底想說什麼？」

曾有人對你說過這樣的話嗎？不論是工作場合或是私人生活，經常有許多情況需要對別人說明事情。

舉凡簡報、電話、面對面銷售，或是講解工作內容、報告進度……，所有工作的基礎是傳達事情的狀況，並讓對方進一步理解。即使在日常對話的情況下，我們幾乎都必須向對方說明。

不論是談論新聞內容，或是聊聊最近發生的事，我們多半也需要表示自己的想法，告訴對方：「我覺得這個問題是……」、「我認為這樣比較好，因為……」。有些人可以把事情解釋得容易理解，但有些人總是讓人無法知道他到底想表達什麼。

有些人在表達時會碰到這些問題：將簡單的事講得很複雜、明明有話想說卻不知道如何傳達、說到一半反而不知道自己想表達什麼。另一方面，有人能簡單明瞭地解釋艱澀的事情，讓對方理解並心悅誠服：「原來如此，確實如你所言！」甚至可以讓對方說出：「你說明得很容易懂，我非常認同。」

如果是在日常生活中和朋友閒聊，表達能力拙劣並不會造成大礙，但如果這個狀況出現在工作上，想必會產生大問題。一旦無法確實傳達意思，恐怕對你的工作評價、品質和效率，都會產生不好的影響。

簡報做不好，企劃便無法順利推動，甚至被不斷要求重新提交報告。比起這些顯而易見的失敗，**不善說明會阻擋資訊流通，甚至在不知不覺中導致工作效率低落，反而更危險**。我們該怎樣說明才能讓人容易理解呢？**關鍵在於：你必須先理解「說明是一種溝通、傳遞資訊的方式」**。

提到說明，或許你會想像一個畫面：說話者正在單方面表達自己的想法。但其實，那只是一個人自顧自地講話而非溝通，所以才會發生說話者以為自己已說過，但聽者無法理解，也不願意依照請託採取行動的情況。

溝通是由說話者和聽者組成，必須相互將正確資訊傳遞給對方。因此，說明時的重點在於，應該一邊整理對方的思緒，一邊表達自己的想法。對方是否確實理解、有沒有跟上話題？你需要掌握對方的狀況，並配合狀況改變自己的表達方式，才能確實傳遞資訊。

改變說話順序，急遽提升說明力

想要明顯提升說明力，具體方法是注意說話的「順序」。商業類書籍經常教導讀者如何表達，包含說話方式、交談方式，以及抑揚和聲調等，但我認為比這些更重要的是傳達資訊的順序。

不只是說明，在交談或以文字傳遞想法時，光是改變順序，就能讓結果出現大幅變化。有些人之所以能讓人覺得說話淺顯易懂，都是因為他們在開口之前，有意識地注意自己的表達順序。反過來說，不擅長說明的人則沒有意識到順序的重要性。舉個簡單的例子來說：

「他是個騙子，不過是個好人。」

「他是個好人，不過是個騙子。」

這兩個句子的內容相同，但讀者接收到的印象必定天差地別（放在最後的資訊會讓人留下深刻印象，稱為「新近效應（recency effect）」）。以不同的順序表達，會造成對方接收的資訊出現極大的變化。

如果你具備讓人易於理解的說明力，以下這些好處會成為你強大的助力，將人生推往美好方向：

- 簡報、提案或想法更容易被接受，能順暢推展工作。
- 能快速讓對方理解自己的想法，因此更快達成共識。
- 鍛鍊整理的能力，能更有結構地掌握事物。
- 可以一邊聽人說話，一邊整理內容，理解能力更上一層。

- 別人會認為你頭腦聰明，因此得到更好的機緣。

說明的重要性不容輕忽。**光是能簡單易懂地說明艱澀的事物，就可以讓工作或日常生活中的成果、印象、評價，產生戲劇性的變化**。

本書內容著重於說明力，但也會觸及其基礎：如何有結構、有系統地思考事物。如果你運用書中介紹的方法，掌握整理事情脈絡的訣竅，溝通能力於公於私都會大幅改善。

若本書能為你帶來助益，讓您的人生更豐富美好，將是我的榮幸。

第1章

常見的 3 種錯誤報告方式，你是哪一種？

為什麼回報事項，對方總是有聽沒有懂？

這個世界可分為兩種人，一種是擅長說明表達，另一種則是不善說明。後者可能經常聽到別人對他說：

「我聽不懂你在說什麼。」
「我不是很明白你想說什麼。」
「剛剛你說了老半天，意思是△△對吧？」

另一方面，擅長說明的人解釋事情，總是能讓人輕鬆理解原本不太瞭解的事，或者他能透過出色的說明力，開口後便順利完成簡報、達成業務商談協議，甚至連閒聊都可以炒熱氣氛。總體來說，擁有良好的說明力能讓溝通變得圓滑。

兩者的差異究竟是什麼？有人說：「聰明的人一定很會說明。」但是否確實如此呢？舉例來說，大學教授絕對是聰明的人，但相信許多人都有這樣的經驗：因為大學課程內容無聊而總是想睡覺，或是教授所教的知識總是無法進入腦袋。即使大學教授很聰明，但上課內容未必讓人覺得簡單易懂。

不只是大學，多數人認為學校課程內容很無聊，因此那些能清楚講解知識、講話風趣的老師，在任何時代都相當受歡迎。能當上老師的人明明都很聰明，但並非都具備優異的說明力。

從上述舉例可知，**聰穎的人未必善於說明。然而，我發現優秀的上班族通常都善於傳達。**

我目前擔任策略顧問，而優秀顧問都具備格外出眾的說明力，因為他們向客戶傳達的內容關乎重大決策，而且對事業造成的影響可能高達數億、甚至數百億日圓，因此擅長說明是必備技能。

在傳授能讓你更善於說明的技巧之前，我先介紹不善說明的人有什麼特徵，以及他們究竟犯了什麼錯誤。

聽者不只無法理解，還會更加混亂

說明的目的是讓對方理解你想傳達的內容，因此通常存在「對象」。但不善說明的人不只無法讓人清楚理解內容，甚至可能使對方的思緒更加混亂。

當別人對你講解事情時，你是否曾有過這樣的感受：「越聽越不明白」、「連他想說什麼都不太清楚」、「聽不懂他使用的詞彙」。如果說話者發現無法從聽者得到期待的反應，會更焦急地進一步解釋，最後不但得不到良好回應，反而讓談話陷入迷宮找不到出口。

用一句話解釋發生這種狀況的原因，就是「不善說明的人無法整理對方的思緒」，而且在許多情況裡，都沒有做好以下三件事：

- 沒有整理好要用什麼順序說明事情。
- 沒有意識到聽者的理解程度。
- 沒有確定自己想說什麼。

▶ 不善說明者常見的三種毛病

只要破除這三大毛病，
就可以提升說明力！

如果沒確定以上這些條件就開口說話，不只是聽者，連說話者的腦袋也會陷入混亂。

POINT

不善於說明，是因為沒有整理好對方腦中的思緒。

想到什麼說什麼，難怪主管聽了一肚子氣

說明時會讓聽者腦袋一團亂，多數情況都是因為弄錯順序。**我們應該掌握的重點是，「思考順序」和「說明順序」並不相同。**

這個道理乍看之下理所當然，實際上許多人傾向依照自己思考的順序說話，或是直接將浮現腦中的想法說出口。雖然有人可以一邊將想法調整成適當的順序，一邊說出口，但大多數人並非如此，而是想到什麼說什麼，常導致無法順利讓對方瞭解自己的想法。

這種說明只是一個人自顧自地說話，並不是溝通。如果無法傳達自己的想法，再怎麼努力都沒有意義。只依照自己的方式說話，認為：「只要努力表達，對方一定聽得懂」，最後會變得以自我為中心。

我們試著以帶雨傘出門的例子來思考。如果是依照自己思考的順序說話，會變成

以下的內容：

早上出門後，發現天空一朵雲也沒有，天氣非常好！當我正想著：『天氣真好，夏天來啦！』打算邁步出門時，突然想起：『啊！天氣預報說今天會下雨耶！』車站到公司步行需要五分鐘，下雨的話可就麻煩了，於是我決定回家去拿傘。結果後來真的下了場傾盆大雨。唉呀！果然是正確答案！

這段內容是依照時間的順序，表達自己的行動與腦中思考的事。如果分解這段文字，可以排列成以下資訊：

- 早上從家裡出門。
- 當時是好天氣。
- 想起天氣預報。
- 車站離公司有一段距離。
- 決定回家拿傘。

- 結果下了傾盆大雨，還好有帶傘。

如果是朋友之間的閒聊，用這種方式說話當然沒有問題，即使只是依照思考的順序說話，對方也能理解你想說的事，而且可能會成為一段歡樂的談天。

然而，在商業場合上用這種方式表達，無法得到良好評價。一段意義不明的說明很可能使對方沒耐心聽下去，甚至你話才講到一半，就被對方喝斥：「搞不懂你想說什麼！」

假如以下是與工作相關的內容，又會如何呢？

- 離開辦公室，前往客戶的公司。
- 想起客戶的課長要調動到總公司。
- 猶豫是否該買伴手禮過去。
- 對方應該喜歡甜食，所以決定買些茶點讓該部門的員工一起享用。
- 那位課長明天要到外地出差，這是他調職前雙方最後的見面機會。
- 這次拜訪是打招呼的好機會，未來可能與調動後的新陣容有商業往來。

如果依照這個順序寫業務日報，應該會被主管或前輩指責：「你在寫暑假作業的日記嗎？」**依照自己思考或行動的順序說明，聽者通常會認為內容無關緊要。**

掌握對方想聽的，才能成為一流的說話高手

各位看了前述文字可以明白，如果根據思考順序說話，無法順利讓對方瞭解你想表達的事。想讓自己更善於說明，必須使用正確的順序。不過，什麼是「正確的順序」呢？

關鍵在於對方想聽的順序，而非自己思考的順序。許多說話術書籍都指出，應該從結論開始說，上述案例也可以套用這個技巧。

「說明也是溝通」的核心概念便在於此。許多人的話之所以無法讓對方理解，是因為總使用自己容易表達或思考的方式，而非將容易理解或對方想聽的話作為第一優先。

以雨傘的例子來說，聽者的重點在於「有帶傘是正確解答」。若是伴手禮的例子，重點應該是「還好有買伴手禮過去」，或是更深一層的理由「有可能和對方總公

司部門交易」，這些才是應該先向聽者說明的結論。

剩下的部分都只是補充「為什麼帶傘」、「為什麼買伴手禮過去」、「為什麼覺得有機會和總公司部門交易」。

不過，在某些情況下，解釋自己「如何思考並採取行動」的過程更重要。例如：對部屬、後輩解釋自己這樣做的理由，希望他們用同樣的思考方式行動。這時候，順著時間仔細說明，應該是較好的做法。

要變得更善於說明，極為重要的關鍵是依據目的以正確順序傳達事情。

POINT

以自己思考、經歷某事的順序說明，無法讓對方順利理解。

聰明的學者或專家，說話真的比較有趣動聽嗎？

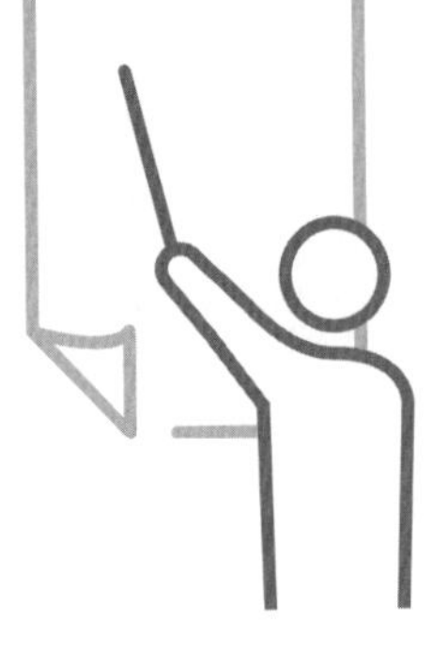

為何專家說的話總是很難懂？

有時候，我們會在新聞或電視節目看到專家現身說法，但他們說明的內容是否易於理解呢？

雖然有的專家可以如同池上彰先生（譯註：池上彰是學者兼大學教授，也是資深媒體人，曾任NHK「週刊兒童新聞」的節目主持人。表達風格簡單易懂，因此收視率極高，深受觀眾喜愛）一般，總是能說話淺顯易懂，但大部分專家總是把話說得令人費解、又不易明白。

說話簡單易懂的人深受電視台重視，因此常在電視上露臉。除了這些人之外，大部分專家說的話通常很難讓人理解。為什麼對外行人或門外漢來說，專家的說明會難以理解呢？有以下幾個理由：

- 專有名詞不容易理解。
- 聽者沒有充足的背景知識。
- 說話者極度拘泥於內容的縝密度和正確性。

這些可說是最具代表性的理由，若以一句話總結，就是說話者無法配合聽者的理解程度。**專家的話之所以難懂，原因在於他們沒認清聽者希望理解的程度。**

用什麼樣的詞彙才能讓對方理解？應該使用哪些專有名詞？聽者想知道什麼？對方對這個話題有多麼瞭解？根據不同的聽者，這些問題會有完全不同的答案。

當專家對談時，他們會產生「說明必須縝密」的共識，即使必須理解專有名詞或具備背景知識，也會在清楚彼此程度的狀態下對談，儘管是專業話題，也能順利地讓對方聽懂。

然而，與不是專家的人對話時，必須先掌握對方具備的背景知識，以及想要理解的詳盡程度。**即使不熟悉對方的狀況，也應該在交談時多加觀察，配合使用對方能理解的詞彙或案例**。如果沒有適度調整內容和表達方式，則無法實現「簡單易懂地傳達訊息」的目的。

舉例來說，在諮詢顧問業界，如果將顧問彼此都理解的詞彙，直接用在與金融業、製造業等企業客戶對談，會無法順利溝通。因為說話者使用的知識和詞彙並非雙方共有，容易發生問題。

向客戶說明時，十分重要的是採取何種措辭和表達方式，才能讓對方容易理解。相對地，對顧問來說，為了理解客戶說的話，收集業界知識、瞭解業界用語，則是相當重要的功課。

日常生活中也經常發生同樣的事。第一次購車、第一次出國旅行、第一次去吃法國料理時，你是否曾碰過店員或工作人員說明得不夠貼心，或是難以理解的情況呢？

聽者之所以無法順利理解，是因為說話者沒有確實推測、考量聽者的理解狀況。

向某人說明事情時，應該優先思考對方想知道的內容，並以正確的順序表達必要的資訊。

常聽到「牛磺酸」，你能解釋這是什麼嗎？

然而，有些人會故意把事情說得難以理解，甚至刻意使用不常見的詞彙，讓對方覺得自己好像很厲害、好像有理論依據而顯得正確。想誇大或是灌水時，經常使用這個手法。

許多人會故意使用標新立異的詞彙表現簡單的事，最典型的範例就是「牛磺酸1000mg（毫克）」。營養補給飲料的廣告經常提到：「內含牛磺酸1000mg」，但大多數人其實不清楚這個份量是否充足。說到底，應該有許多人不知道牛磺酸為何、有什麼功效。

雖然商品包裝或電視廣告都會明顯地標示成分，讓消費者覺得具有某種良好功效，但應該只極少數人能夠精確說明「牛磺酸是什麼」。

而且，一千毫克看起來含量很高，但其實只有一公克而已，反而會讓人感覺份量沒有那麼多。這時候，專家應該會這樣說：

「若持續讓老鼠服用牛磺酸，在平均每公克體重給予△毫克的情況下，與完全沒有服用牛磺酸的結果相比，產生××的差異。」

「若考慮老鼠和人類的體重差異，只要每天攝取△毫克以上的牛磺酸，並維持一週以上，應該會產生××的效果。」

以上兩段話是與牛磺酸相關的內容，雖然大家對牛磺酸一詞並不耳熟，但或許曾在電視廣告上聽過，印象中覺得是對身體有益的東西。忽略專業因素，只要讓消費者產生「好像理解」、「去買看看」的想法即可。

在營養補給飲料的例子中，只要讓消費者聽起來好像有那麼回事，便算是達到充分說明的目的。甚至可以說，若專家解釋得太過詳細，反而變得更難以理解。

然而，**若是自己要向別人說明事情，應該配合對方的狀態調整表達方式**。重要的是，應避免讓對方在「似懂非懂」的情況下結束對談。

POINT

說明時使用的詞彙或內容，都要配合對方的意識。

對話像是在迷宮中打轉，因為你沒想好終點和目的

不善說明的人大多無法整理自己想說的話，也不知道該如何清楚表達。這時候有兩種可能：

- **不瞭解自己想說的事情。**
- **雖然有想說的事情，但可供說明的資訊不足。**

首先，我們看看「不瞭解自己想說的事情」是什麼情況。簡單來說，就是無法妥善整理自己腦中的思緒。

在進行簡報、說明狀況時，如果沒有特別注意說話順序，就容易照著想法出現的順序，或自己記憶中的順序，因此很難讓對方確實理解。

想要變得擅長說明，重點應該是先釐清傳達的內容。接著，**整理自己的思緒（傳達的資訊），並且以對方容易理解（接收方的資訊）的方式解說。**

優秀的策略顧問或業務員，為了避免讓客戶的腦袋混亂，會建立一套能順利誘導對方的清晰脈絡，再繼續往下說明，以便流暢地讓客戶理解商品或服務的優點，並迅速讓對方做出決定。

善於說明的人會整理好自己腦中的想法，才開始說話。如果連自己的想法都沒有整理妥當，便無法理清對方的思緒。

因此，讓我們先從整理自己想說的事情開始，關鍵在於彙整思緒。本書開頭曾提到，若以自己思考、行動的順序說明，容易導致失敗，因此這個問題可以藉由這個步驟解決。

若在沒彙整思緒的情況下開始說話，容易不自覺地照著自己思考或想法浮現的順序表達，最後變成只是以自身經歷向對方說明。

因此開始說話前，請先列出所有想表達的內容，最好可以全部寫在紙上。書寫時不需要特別在意先後，只要依照腦中浮現的順序或是實際經驗寫出即可。全部寫出來便能一邊確認內容，一邊思考以下問題：

- **最想向對方傳達什麼事？**
- **傳達的內容對聽者來說是否有意義？**
- **內容是否會太難或太簡單？**
- **以此順序說明，能否確實將訊息傳達給對方？**

思考這些問題也是彙整思緒的過程。順帶一提，前文已介紹如何能變得善於說明，與以上問題的概念完全相同。

不是隨心所欲地說出自己想說的話，而是確實整理後，注意內容的脈絡才開口。如此一來，你的說明力將大幅地提升。彙整思緒也是一種訓練，只要養成習慣，便能自然而然完成。

POINT

彙整自己想說的話後，再進行說明。

只要改變3個失敗的說明方式，對方就能秒懂

我們閱讀到這邊會發現，不善說明事情的人都有個共通點，就是「自以為已向所有人說明過了」。

無論在職場或私人生活，各種場合中都需要說明，頻繁到像是理所當然，因此許多人在說話前沒有深入思考。

問題在於，在許多人解釋艱澀的概念或現象時，反而像平常一樣，只憑感覺說話。結果就像前文提到的兩個案例，最終以失敗收場。既然如此，該怎麼辦才好呢？只要改變「三個錯誤的說明方式」，並做到以下三點，就能讓人容易理解。

- **意識到要以什麼順序說明事情。**
- **意識到聽者對事情的理解程度。**

● 決定說話的內容後，再把話說出口。

選擇詞彙時沒有深入思考、習慣隨便說話的人，一定會在不知不覺中深受其害。因此，本書將介紹善於說明的人平常一定會做的事。

只要說明得淺顯易懂，就能順利推動各式各樣的事。舉極端一點的例子，商品賣不出去、在公司內外沒有影響力、無法與戀人或家人順利溝通，可能都是因為用字遣詞或內容讓人難以理解。

人們對困難的事會產生反感。不論是多麼重要的事、無論再怎麼強調商品優點，只要內容聽起來艱澀，對方就不願意聽你說話。文章也一樣，只要讓人感覺難以閱讀，對方便不願意仔細看下去。

許多電視節目至今仍費盡心思解釋政治與經濟，但觀眾仍然無法理解。然而，只要有人可以像池上彰一樣，解釋得淺顯易懂，大多數的人都能恍然大悟。

內容固然重要，但能否簡單地傳達，才是最大的關鍵。**為了讓聽者更易於理解你想說的話，請使用他容易聽懂的順序，這不僅能幫他拓寬腦中卡住的思緒，也能建立清晰的脈絡。**

下一章將介紹容易讓聽者理解的說明順序和基礎概念。雖然根據不同事物或場景，會有不同形式的方法，而且沒有絕對正確的法則，但是說明方法依然有基本的構成和形式。

先掌握基礎架構，再根據這個形式說明，同時整理自已和對方的思緒，便能讓對話變得更流暢。首先，讓我們從基礎開始學習吧！

POINT

要用怎樣的順序說話，和要說什麼一樣重要。

▶ 善於說明的人與不善說明的人

「只是把想說的話說出來」，
反而讓對方難以理解。

善於說明的人能整理對方的思緒，
同時順暢表達想法。

第2章

我的回報太長、他的問題刁鑽怎麼解？

隨時注意對方，有沒有跟上你的說話步調

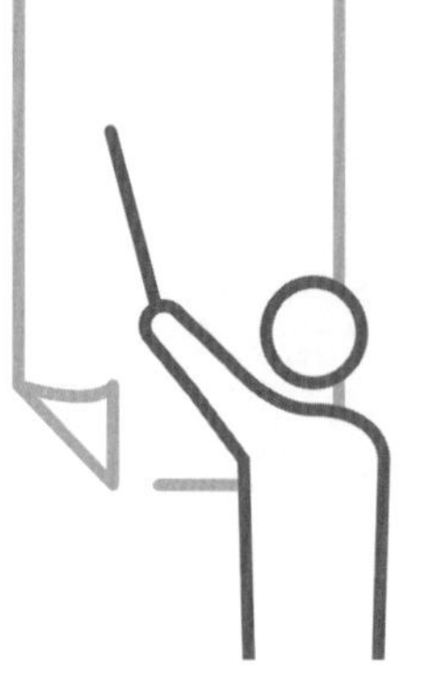

前文已提過，說明也是一種溝通。任何說明的場合必定存在對象，如果只是自顧自地說話，絕對無法稱為溝通。

學校老師要向學生講解數學的思考方式，業務前輩要對新人介紹業務工作的執行方法，簡報則是用來對客戶或公司內的員工提案或報告成果。

這些例子在你的想像中，或許都呈現出單方面說話的場景，但越是善於說明的人，與對方的溝通會越順利。這裡所說的溝通並不局限於交談或詢問，而是意識到對方正在思考，同時進行對話。

當你說話時，可以觀察對方的思緒是否跟上步調，一面想像「從這個表情看來，也許她聽不懂我說的話？」「跟這個人解釋，應該用其他例子比較好？」或者注意對方，是否因為話題過於瑣碎而感到厭煩。

由於這是段不靠言語的溝通，因此注意對方的思緒顯得相當重要。更具體地說，就是**說話時要隨時注意聽者的立場和理解程度**。

請先觀察對方的看法、主張，或抱有什麼感情，再靈活改變自己的說明方式。然而，無論如何靈活變化，都要密切留意：不要讓最初決定的應傳達內容偏離正軌。別忘記，說明的目的是要確實將資訊傳達給對方，並讓他理解。

POINT

善於說明的人會同時注意聽者的行為表現。

話題是由誰主導，就得改變你的表達順序！

為了理清聽者的思緒，必須將意識放在順序上。不過，具體來說應該如何執行呢？或許你從來沒思考過這個問題，但這並非難事，只要先掌握基礎概念，建構正確的順序即可。

在介紹正確的表達順序前，希望各位先掌握一個關鍵：**根據不同的情況，說明可以分為兩種，一種是自己主導，另一種則是由對方主導。**

自我主導，是指自己具有主張或結論時，主動進行說明。不論是自己向對方解釋某件事情，或是工作上簡報商品等，都屬於這一類型。換句話說，是指「從零開始建立組成內容」。

對方主導，則是回覆對方的問題，屬於被動的說明。簡單來說就是回答問題，並解釋答案。例如：這項商品為什麼賣不好？為什麼延誤交貨期限？夕陽為什麼是紅色？回答這些問題所需的資訊和架構，與自我主導的類型截然不同。大多情況沒有主張或結論，只需單純回覆或解釋被詢問的事。

不過，即使由對方主導，也有需要事先掌握的重點和形式。首先，我從自我主導的類型開始介紹，基本順序如下，而且從下節開始，將簡單介紹這個流程：

1. 整合前提。
2. 提出結論、主張、本質。
3. 提出根據、理由、事實。
4. 補充資訊。
5. 提出結論、希望對方採取的行動。

POINT

說明主要分為「自我主導」和「對方主導」兩種形式。

▶ 說明的兩種形式

1、自我主導的說明　具有自身主張或結論，並加以傳達的形式。是從零開始組成的主動說明。

2、對方主導的說明　回答對方問題的形式。沒有自身主張或結論，而是針對對方的提問，被動地回答事實。

無論是哪一種形式，
都有固定的說明順序。

老闆容易忘，因此「前情提要」很重要

比從結論說起，更重要的是……

介紹表達、說話或簡報的方法時，常聽到：「請從結論開始說。」即使是說明，結論也相當重要。

本書探討的狀況，從日常的閒聊、會話，到職場上的商品介紹、業務報告等，種類非常多元。特別是在商業場合中說明時，最重要的關鍵是從結論開始說起。

不過，為了讓聽者更容易理解內容，比起先說結論，最重要的是在一開始「整合前提」。**前提是指對於接下來要說的內容，具備的知識程度**。

舉例來說，要向平常在公司內相處的主管說明例行工作，或是與同事談話時，不需要特別思考話題的水平是否相同。因為彼此之間有共通的感覺，知道雙方大概具有同樣的水準。

不過，假如有一位十多年沒見面的朋友問你：「現在做什麼工作？」由於彼此共享的資訊較少，如果你用面對同事和主管的說話方式來解釋，對方無法順利理解。因此，你必須先和他共享前提。

前情提要幫助雙方在同一水平對話

要表達對方不知道的事，或是過去曾經聊過，但可能不記得的內容時，在提出結論或主張前，應該先讓他共同掌握前提資訊。

舉例來說，當你要向新任主管報告關於客戶的事，或是要向忙碌的主管回報整個月的工作進度時，應該先簡單交代事情的來龍去脈或交易紀錄，整合自己與對方的知識水平。

除此之外，若資訊中有對方不先知道就無法順利對談的內容，例如：報告中的數字定義（是和前年或前月比較）、表格或圖片的解讀方式（項目、顏色的意義）、相關資訊（產業動向、競爭現況）等，你需要在一開始便加以解釋。不過，**若對方可能已經知道這些訊息，簡短地提及能讓說明變得更容易理解。**

對方不熟悉話題，再聰明的人也要視為小學生

雖然聰明的人能較快理解艱澀的措辭或表現，但如果聽者是相同業界的人，無關聰明與否，只要懂得使用業界的專有名詞，也能讓談話順暢。

不過，如果要向不同業界的人士，或是首度參與商談的人說明事情，必須整合詞彙的難易度和專業性。大學教授、專家的解說之所以難懂，正是因為無法配合聽者的理解程度。

即使對方是頭腦聰明的人，你若無法配合他的知識水平，調整措辭或內容的難易度，無論解釋得再詳盡，也很難讓他接受。因此，首先請依照對方的理解狀況調整難度。不過，具體來說該怎麼做呢？**向非專業人士說明時，我建議你想像成是在對小學生、中學生說話。**

這並非要你將對方想成只有小學生、中學生的程度，也不是要將口吻變得像是在

對孩子說話。但在對方不理解的領域中，如此設定才能讓表達淺顯易懂。若是用對中小學生說話的口吻或語氣，與主管、客戶對話，不僅失禮，也一定會被責罵。

大多數的說明都是在解釋對方不知道、不明白的事，而讓他理解主題便是最主要的目的。因此，在對方不瞭解事情的情況下，選擇用什麼詞彙和順序說明，就顯得相當重要。

這時候，最淺顯易懂的表達水平，是當作「講給中小學生聽」。這也是寫出簡單明瞭的文章時，經常運用的方法。

或許你曾聽說，寫文章時要避免使用專有名詞，而且要讓中小學生也能看得懂。不論主管與你年紀相差幾歲，人們對於自己不清楚的領域，都和中小學生一樣不瞭解，這與年齡和聰明程度無關。若向對方解釋時能掌握這個前提，就能讓他更容易理解你所說的事。

因此，**為了讓聽者更容易理解說話內容，需要從基本概念開始解釋，還必須使用具體案例以及比喻。**

劃定談話的範圍，讓雙方集中焦點

不僅如此，整合範圍也很重要。雖然並非所有的場合都需要這麼做，但如果這次的談話內容無法完全涵蓋對方的期待，還是應該先決定出範圍。對策略顧問來說，談話內容所涵蓋的範圍被稱為「領域（scope）」。

在多數情況下，說明總會有限制時間。即使是公司內部會議，也不可能讓你發表長達一小時。另外，一旦過度詳細地傳達所有內容，反而可能讓聽者感到混亂。

為了在有限時間內，表達出最剛好的資訊量，關鍵在於先決定範圍。舉例來說，如果你先向對方表示：「您想知道的內容中，今天我只針對這個部分說明」，可以調整對方的期望。

這個方法不僅適用於無法在商談前備妥資訊的情況，在以下情況也相當管用：

- 商談時間過短，無法一次說完全部的事。
- 要處理的資訊過多，想要濃縮重點式地說明。
- 只想把時間花在眼下必須應對的課題上。

決定領域不僅能使雙方都專注在相同範圍中，在會議或商談時也不容易偏離話題焦點。請先試著整合對話的前提、水平和範圍，只要在談話開頭，以明確的語詞將這些內容告訴對方，也會讓對方的理解變得更順暢。

POINT

說結論前，先整合對話的前提、水平和範圍。

▶ 如何「整合前提」？

1、雙方是否擁有相同的前提資訊？

2、對方的知識水平程度是否相同？

3、這次的談話範圍？要傳達到什麼程度？

如果不考慮對方的理解度或知識，冷不防地從結論開始說起，對方容易跟不上話題。
思考「要用什麼水平談論？要說到何種程度？」非常重要。

起比先說結論，應該先整合前提。

簡短地說出結論、主張或本質，才能讓事情更順利

整合完前提後，接著要表達結論、主張和本質。所謂的結論，是先以一句話總結想說的事。

如果已整合對話的前提，便可以從這個步驟開始，直接說出必要的結論和主張。不過，這個方法僅限於聽者對接下來的內容，已大致掌握整體面貌的狀況。

如果突然對一個不清楚向X公司提案來龍去脈的人，說出：「給X公司的提案以失敗收場」，對方應該摸不著頭緒。

或者，你告訴對方：「新商品增加Z功能。」他不僅需要先理解舊商品的機能，更要知道追加Z功能後，這項商品變得更有價值。**若聽者尚未充分理解狀況，必須先確實和他共享前提，再闡述結論。**

直接表達你期待對方採取的行動

聽者需要在你說明後才能採取行動，因此應該先清楚告訴對方「自己期待的行動」，才能讓事情進行得更順利。

「希望能藉今天這個場合，得到您對提案的認可。」

「希望您告訴我應該改善的地方。」

「希望您能協助我製作資料（所以希望也能理解專案內容）。」

事先表達出你的請求，對方便能掌握應該以什麼角度來聽你說明。如果疏忽這一步，對方聽到最後才理解自己要執行的任務，一定會告訴你：「請再說明一次！」

重複說明會讓工作效率變得極差，因此務必一開始就將你的期待清楚告訴對方。

本質是歸納事態的一句話

有些讀者看到這邊，或許會想：「我明白結論、主張的概念，但『本質』是指什麼？」本質是指清楚表達出事態的一句話。提到本質，或許不少人會把它想得很難，但其實只是你思考出來的「解釋」。如果加上一句開場白，應該會比較容易想像：

「總而言之，是××。」
「換句話說，是××。」
「一言以蔽之，就是××。」
「直接了當地說，就是××。」
「簡單來說，就是××。」
「也就是××。」

本質就是像這樣將事實歸納成一句話的表現。如果並非提出自己的主張，而是單純傳達事實，大多數的人都會使用這個形式說明。舉例來說，當你想向他人介紹自己正在吃的營養補給品，會直接表達：「這個補給品可以改善肝功能。」

此外，不少情況會用這樣的方式來表達本質。例如：「總之，日本經濟的問題點在於××」、「簡單來說，我認為金錢的功能是××」、「我們公司存在的意義，以一句話來說就是××」。

先將自己的想法告訴對方，才會進入說明的階段。後面章節將介紹「對方主導類型的說明」，也是基於相同道理。**以一句話表達事情的本質或解釋，再接著說明如此思考的理由，一定可以讓對方理解得更清楚。**

重要的是，結論、主張、本質都要能總結成一句話。但詳細說明、補充概念的部分，可以長一些也無妨。

POINT

結論要短，但說明長一些也無妨。

以客觀角度描述根據、理由和事實，使邏輯更有力！

在整合前提，並說出結論或主張後，接著要表達事情的根據、理由或事實。這時候，要注意三個重點：

- 告訴對方自己接下來要解釋理由。
- 盡可能將理由縮限成三個。
- 理由、根據要建構在客觀事實上。

將根據與理由縮限成三個是基本

當你有自己的主張或結論時，應該先確實告訴對方：「接下來要告訴你理由。」

舉例來說，你應該在提出主張或結論後，接著說明其中的根據：「請容我向您報告關於這次企劃開發的相關事宜。執行本企劃可以達成本季的業績目標，理由有三個，分別是……。」

此時的關鍵在於：盡可能將根據或理由縮限為三個。如果提出的根據只有一個，說服力會顯得過於薄弱。但如果理由超過三個，說明會變得冗長，對方沒有耐心聽下去。因此，將理由整理成三個左右，是最好的狀態。

「三」是個簡單又容易記住的數字，對策略顧問來說，大多會將內容整合成三個，再仔細說明。

或許是因為「三」這個數字可以毫無負擔地進入人的思考。像是「HOPE STEP JUMP」（譯註：日本歌手西城秀樹於一九七九年推出的單曲）、「守破離」（譯註：守破離是日本茶道、武道、藝術的學習歷程三階段）等詞彙，也都是以三為單位。

你整合完前提，也表達結論和主張後，再將支持理論的三個根據告訴對方，內容就會非常容易理解。反過來說，除此以外的內容都只是補充資訊。

如果說明時沒有結論或主張，則可以從同樣是第二順位的本質開頭。不論是介紹商品功能或是簡報開發計畫，甚至是闡述「何謂金錢？」「TPP是什麼？」「策略的定義為何？」等主題，都是從本質開始說明的狀況。

這時候，雖然難免會變成解釋自己歸納的重點，但在說明為何得出這個結果時，請有意識地闡述客觀事實。

在許多情況下，結論、主張和本質終究還是主觀的想法，因此要以客觀的事實輔助支撐。一旦讓根據和理由成為主觀想法，會變得毫無說服力。

即使沒有要說服他人，只是主觀地說明，難免會讓對方質疑：「真的是這樣嗎？」甚至持反對意見。如果結論、主張和本質（解釋）不是建立在客觀事實上，則會失去邏輯，必然無法令人信服。

那麼，所謂「客觀事實」究竟是什麼呢？最容易理解的是數字、數據等資料。雖然客觀事實會依照說明的內容而異，但在工作上較具代表性的，應該是自家公司的營業數據，或是市佔率等調查結果。

若是「日本勞動人口正在減少」的話題，必須先掌握公家機關的統計數據，例如：總務省統計局（編按：相當於台灣的行政院統計處）的勞動人口調查，或是厚生勞動省（編按：類似台灣的勞工局、勞委會）公布的勞動人口變遷等。

此外，法人、智庫等研究機構做的調查，也十分有幫助。若還能輔以主流媒體報導的調查數據，則更有說服力。

相反地，「某個人說過」、「我在網路論壇上看到的」，不是客觀的事實。如果對話的基礎不是根據客觀、科學上足以信賴的數據，或是眾所皆知的事實，一旦被人認為是惡意的誘導言論，你也無法反駁。

想要徹底找出客觀資料，會花費相當多的心力，但越重要的內容，越需要極力找出第一手資訊作為輔助。**要讓結論、主張和邏輯變得強而有力，關鍵在於你能收集、調查到多少事實。**

POINT

根據、理由、本質都要建構在客觀事實之上。

如何讓冗長的補充資訊，引起對方的高度興趣呢？

整合完前提，並依照結論、根據的順序表達之後，剩下的就是補充資訊。像是事情背景的原委、不說也不會產生問題的訊息，便是補充資訊。

以前述的雨傘例子來說，結論和根據是「決定要去拿傘，因為可能會下雨」，而補充資訊則是以下的內容：

「想起早上看了天氣預報。」

「如果下雨，公事包裡的資料可能會濕掉。」

「如果頭髮、襯衫都淋得濕漉漉，拜訪客戶時會給人不好的印象。」

「公司附近沒有便利商店，在路上買傘很不方便。」

上述內容或許可當作根據或補充根據的背景資料，但如果理由過多就沒有意義。如果目的是說服某人，或是讓簡報提案通過，你必須表達根據、理由及背景因素。

然而，在日常對話中說明所有內容，會使對話變得冗長，因此不需要提出深度根據的話最好都省略。實際上，即使你說出一大堆帶傘的理由，對聽者來說其實沒有必要。

補充資訊若能符合對方興趣，價值會大不相同

在帶傘的案例中，因為說了太多補充資訊，反而變成喋喋不休，補充一堆別人不在意的理由。當然，**依據不同狀況，有時候補充資訊反而讓人覺得有趣。在日常閒聊時，補充資訊也可能很重要**。接下來，我們以第一章提過的牛磺酸作為範例。

當你介紹牛磺酸是什麼東西時，因為沒有結論或主張，所以整段對話都變成補充資訊。即使你想用一句話告訴對方：「是添加在營養補給飲料中的一種氨基酸」，對方聽完也不會覺得有趣。

為了吸引對方的興趣，讓他願意繼續聽下去，說明冷知識時可以這麼說：

牛磺酸是種原本就存在人體內的物質，存在於大腦、眼睛、心臟、肝臟等各種器官裡，它負責讓細胞保持正常的運作功能。由於牛磺酸是在研究牛的膽汁時發現的，這個詞彙是來自希臘語裡『公牛』的意思喔。

烏賊、章魚都含有相當多的牛磺酸，所以不是非得從營養補給飲料中攝取不可。順帶一提，魷魚乾上面那層像是白色粉末的東西，其實就是牛磺酸！在國外，紅牛（Red Bull）的能量飲料裡含有牛磺酸，不過日本因為藥事法的限制，所以不能添加在飲料裡。

這段內容提到的資訊都不帶主張，只是單純的解釋。如果加入自己的主張，說出：「牛磺酸能從動植物中攝取，不需要喝營養飲料」，這些補充資訊則會成為根據。換句話說，如果改變說明的主題或目的，補充資訊的價值或定位也會一併改變。

POINT

補充資訊的價值，會因為主張或說明的主題設定而改變。

回報結尾時，務必重複一次結論與主張

在對話的最後，你應該再次重複結論或主張。也許有人認為開頭說過就不需要重複，但是**接在結論後的根據、補充資訊越長，聽者越容易錯失對話的終點**。

舉例來說，在你交談超過十分鐘、二十分鐘後，對方恐怕會說：「所以，到底是怎麼一回事？」「所以你想說的是什麼？」因此，請再次表達結論或是自身主張。舉例來說，用以下句子歸納重點：

「因為……情況，所以這項商品可以獲得較多的使用者。」

「從前面提到的理由來看，我們必須加入這次的新事業。」

如同上述例句所示，你可以透過歸納最初表達的主張，來總結想向對方說明的事項。如果最後導出的結論是要求對方採取行動（決定是否購買、判斷批准等），也要在最後再次告訴對方。

POINT

最後總結的話語，會改變對方的理解或印象。

對方提出刁鑽問題怎麼辦？掌握3訣竅別亂掰

接下來討論回答問題的情況。當需要回覆對方時，和自我主導的說明不同在於，有時不需要整合前提，也沒有必須表達的結論或主張。

舉例來說，如果被問到：「錢是什麼？」「經濟學是一門怎樣的學問？」「策略顧問都在做什麼工作？」你必須在自己腦中建構出正確的表達順序。

由於必須快速回答突如其來的問題，建構順序的難度會變得更高。因此，別把問題想得太難，只需要先掌握以下三件事：

- **說明的順序是從大重點（主幹），到小重點（枝葉）。**
- **要確認對方想知道的是你的解釋還是事實，並且從對方想聽的部分開始說起。**
- **述說事實時，選擇客觀的內容。**

首先，最重要的是按照「從大重點到小重點」的順序說明。在對話時確實意識到這一點，才能清楚地讓對方瞭解。

舉例來說，報告業績時，先從公司整體的表現開始，再到各部門的成績，聽者便容易理解整體結構，也更容易整理腦中的資訊。如果在報告公司全體狀況前，個別說明每個部門的狀況，不僅成效不彰，也容易讓聽者陷入混亂。

另外，如果對方要求你說明，怎樣組合事實和意見就非常重要。這時的關鍵在於對方想知道什麼？**如果對方想知道你的意見，便從自己的意見開始說起，隨後再告訴對方這個意見背後的理由，而這個理由必須是事實。**

一旦理由偏向個人的臆測或願望，你提出的個人意見或背景理由，都會失去說服力。

舉例來說，當主管問：「有辦法達成這期的業績嗎？」如果你回答：「應該沒問題，因為去年也有勉強達標」，一定會被主管責備。請特別注意，當表達自己的意見，像是「我是這樣想的」，應該加上客觀事實。

另一方面，**如果對方想知道的並非你的意見，則應該從事實開始說起。最後再加上自己的意見或解釋**，也是很好的做法。

無論說明是由自我或是對方主導，重要的是從對方想知道的事情切入。

POINT

說話的順序要從大重點到小重點，才能更清楚地傳達。

回報內容很長怎麼辦？篩選重點很重要

當說明內容時，篇幅長卻能確實傳達，比簡短而無法讓對方聽懂，還強上幾十倍、幾百倍。在此，我先把談話長度放一邊，先解說長度之外應該留意的三件事：

1. 排出優先順序，並且捨棄不需要的部份。

2. 將談話內容分成「主體」和「補充資訊」兩部份，將主體以外的內容排在後面的順序。

3. 如果是不必要的資訊，則在談話中途省略。

接著，讓我們逐一往下看這三件事吧。

排出優先順序，捨棄不需要的部分

動畫《天空之城》中有一句知名台詞：「給你四十秒準備！」主角巴魯為了幫助被穆斯卡抓住的女主角希達，在他被空中海賊首領朵拉追捕後，懇求朵拉能帶他一起去解救希達，而朵拉對巴魯說的話就是這句台詞。在那一瞬間，巴魯應該將許多事排列出優先順序。

在電影開頭，巴魯和希達一起逃走時，他將「把早餐塞進包包」列入優先事項。但當他準備和海賊一同前往解救希達時，帶食物的優先程度則變得非常低。

如果巴魯不具備「鎖定重要事項」的能力，朵拉根本不願意帶他一起去，也無法成功救出希達。

同理可知，在說明的優先順序中，最重要的是對方想知道的事，接著是用來填補「自己想傳達」與「對方想知道」差距的資訊，然後才是「（與對方想知道的事有關）自己想傳達的事」。

若資訊與對方想知道的事無關，或是不需要特別傳達，請毫不猶豫地割捨。

談話內容分成主體和補充資訊

排定優先順序之後，要特別注意從重要的事說起。如同前文所述，雖然各部分的優先順序，都應該配合對方的思緒，但還是應該**大致分為「主體」和「補充資訊」，並貫徹把補充資訊往後擺的原則。**

一旦準備開口，很容易這個也想說、那個也想講。但不要忘記，對於聽者來說，資訊越少越容易理解。主體部分應該盡可能簡單、剔除多餘資訊，並打造一個沒有岔路、直通結論的故事。

舉例來說，當你要報告所屬部門的業績時，與前一年業績比較狀況、與計畫書比較狀況、增減的理由為何，以及有什麼改善對策，都相當於主體內容。如果這時想說明其他部門的狀況、其他競爭公司的狀況，或是近年的潮流變化，請停下腳步反問自己：「這些是主體部分需要的資訊嗎？」

在大多數情況下，這些都是補充資訊或參考資訊，可以之後再說明。雖然加上補充資訊更能正確傳達細節，但中途插入會有耽誤流程的風險。不論是分析到一半的計算結果，或是以細微項目區分的營業額等數據，都算是補充資訊。

相對地，參考資訊則是指沒有出現也能談話的訊息，但先讓對方知道，有助於理解整體。以前述報告業績的例子來說，其他部門、競爭公司、業界潮流等資訊，都是有助於理解事物背景，可以稱為參考資訊。

然而，不需要拘泥於資訊究竟是屬於補充還是參考。**重點在於是否應該放入主體部分，如果不需要放入主體，就把它全部放到最後。**

不需要的資訊應該盡力省略

說明某件事時，即使你盡可能地鎖定焦點、讓故事變得簡單，仍可能出現難以判斷是否必要的資訊。

舉例來說，處理前提的方式會根據情況而有所不同。雖然前文提過**前提資訊是重新敘述對方可能不知道、不記得的事，同時肩負著整合雙方認知共識的任務，因此說明時要先整合前提，但若是對方已知道這些資訊，就可以捨棄。**

儘管你已經確實做好準備，假如對方已知或是記得，應該盡可能跳過不談以節省時間，讓內容變得容易理解。或者，可以將前提資訊濃縮成一段訊息，例如：

「如我們在上次洽談中取得的共識……」
「先前已經以電子郵件傳送給您了……」
「我想某某先生已經事前向您說明過……」

運用這種開場白，可以一邊推測對方是否知曉，同時讓對話繼續進行。如果對方答覆：「啊，我看過了喔」、「是的，我聽說了，沒問題喔」，即可跳過前提資訊。

除了前提資訊之外，在工作對話中，可以把顧客可能不感興趣的事物，當作不會對顧客產生影響的銷售重點，事先將資訊包裝成一段訊息。

先向對方表示：「我想您或許不會感興趣……」，說出項目名稱，並觀察對方的表情，再思考是否要省略詳細說明。如果對方表示有興趣，請務必詳盡地往下解說。

不過，若是無論如何都想傳達的內容，或是對方不知道就會感到困擾的資訊，那麼不管對方是否知道或感興趣，為了慎重起見，應該確實告知，才是聰明的做法。

當介紹商品或服務，討論到與合約內容相關的資訊，例如：能否退貨、解約限制、適用優惠的條件等，請不要省略，將它們當作應傳達的訊息，確實告訴對方。

POINT

即使內容很長也無妨，但要嚴格篩選說明的項目。

第3章

報告前，把想說的話寫在紙上！

在你開口說話前，先搞清楚對方想知道什麼事情

前文中提過，應避免用自己思考或經歷的順序說明事物，因為這種表達方式有以下缺點：

- **由於網羅所有訊息，容易一併傳達不重要的資訊。**
- **相似的資訊分散在各處，難以理解。**
- **多數情況下，沒有聽到最後很難得知結論。**

許多人儘管知道這些缺點，仍然會使用錯誤的順序，因為對說話者來說，這種說話方式有以下好處：

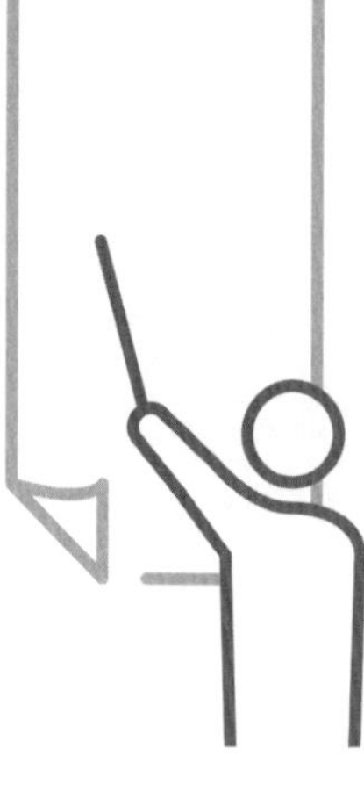

- **容易回憶、不易遺漏內容。**
- **即使不準備，也可以當場憑感覺說明事情。**
- **因為是根據自己的經驗順序，所以容易掌握。**

然而，若重新回顧說明的目的，就會發覺照著自身狀況說明事情其實毫無意義。上一章也介紹過，必須將對方想知道的事，以容易理解的順序表達。

重要的是，應該先在自己腦中整理資訊。接下來，我將介紹有助於提升說明力，並能整理自己思緒的祕訣。

POINT

思考對方想知道的事，而非自己想說明的事。

彙整思緒的4步驟，明確掌握你想說、他想聽的內容

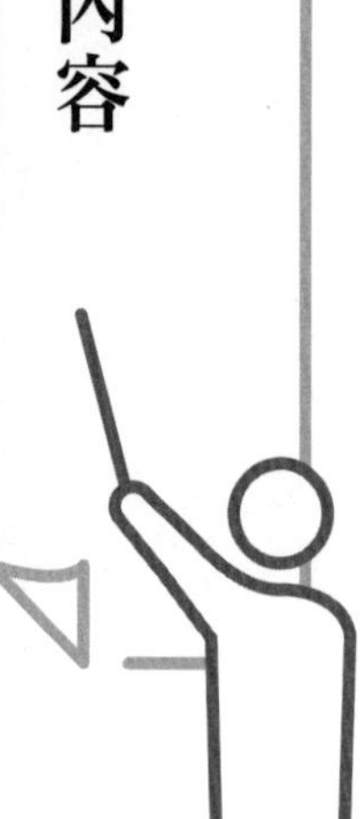

怎樣才可以用對方能理解的順序，表達他想知道的事呢？
你必須在說明前彙整思緒，具體而言，分為以下四個步驟：

- 步驟1：明確掌握對方想知道的事。
- 步驟2：明確掌握自己想傳達的事。
- 步驟3：確認彼此是否有資訊落差。
- 步驟4：為了填補落差，應該先思考必須說明的內容。

接著，讓我們詳細地逐一看下去。

步驟1：明確掌握對方想知道的事

思考對方想知道什麼資訊，是最重要的部分。有時候，不管自己說得多賣力，也無法打動對方。此外，聽者也不會將你說的話照單全收，而是只關注他想知道的資訊。換句話說，他們因為認為詢問你才能得到想要的資訊，於是向你尋求說明。

舉例來說，顧客想從你這裡得知什麼呢？是你想銷售的商品或服務的細節嗎？不是！顧客想知道這項商品或服務，能否為自己解決現有的問題，或是能否在解決問題時派上用場。

此外，主管真的想要掌握所有行動嗎？我想應該也不是。主管真正在意的是：能否創造出他期待的成果；如果沒有拿出成績，他需要採取什麼對策；在這項對策中，自己應該給予什麼支援。

或許很多人會覺得這理所當然，但實際上，說明或溝通不順利的人都是自顧自地說自己想說的話，於是遭到對方嚴厲拒絕。

因此，重點在於得先明確掌握對方想知道的事。請思考聽者最想知道什麼，如果你能挑出幾個候補答案，再從中選出最重要的，必然能以它為核心，整理出適當的說明順序。清楚掌握對方想聽、想知道的事，才能看出怎樣可以讓對方確實理解。

步驟2：明確掌握自己想傳達的事

另一方面，如果一段說明中沒有包含自己想說的話，也失去了意義。既然要說明某件事，通常會帶有自己的主張。如果是業務員，會想向顧客表達自家公司商品或服務特色，或是與其他公司相較下有何差異和優勢。

若是工作上的報告，則會想表達自己努力依照主管期待工作，或是確實獲得顧客信賴之類的訊息，盡可能讓對方正確理解自己目前的工作狀況。

既然如此，應該明確掌握自己想傳達事情，而不是曖昧不明地報告你的工作或業務。可以先稍停下腳步，思考自己想表達的內容，而且同時表現出希望對方如何採取行動。

此外，說明時應該在腦中同時考慮：你希望對方接收資訊後，要做出什麼改變。不要總是不明所以地想著「我最想傳達的事」，而應該從「讓人想購買商品或服務」、「讓人想給予優等的人事評鑑分數」、「讓人想伸出援手」等最終結果往回推算，建立自己的主張。

這樣看起來或許像在盤算得失，但**追根究柢，溝通本來就是影響他人做出行動。**說話本身就會讓對方的行動或態度產生變化，因此應該思考自己希望對方如何行動和改變。

步驟 3：確認彼此是否有資訊落差

對方想知道的事與自己想傳達的事相同，當然是最理想的情況。然而，在多數情況下，兩者之間會出現差距或落差。

舉業務員的例子來說，顧客想解決自己工作上的問題，業務員則想向顧客介紹自家商品或服務的優勢。因此，「解決顧客問題的方案」與「產品和服務的特色」之間，產生明顯的落差。

再舉回報工作的例子，主管想知道的是「預期結果的達成狀況」，而自己想表達的是「自己投入多少努力」，兩者之間並不吻合。

◆步驟4：為了填補落差，應該先思考必須說明的內容

既然知道雙方的期待有落差，就要想辦法填補。若是「解決顧客問題的方案」與「產品和服務的特色」，必要的資訊如下：

- 顧客目前面臨的問題為何？
- 怎麼做才能解決問題？
- 為了解決問題，自家的商品或服務能派上用場嗎？

若是「預期結果的達成狀況」與「自己投入多少努力」，則應該針對以下問題找出答案：

- 主管期待的成果（可能是期初研擬的目標）。
- 數字上的達成狀況（銷售金額、訂購件數等）。
- 今後的預定行動，以及最終的預期數字。

● 為了達成目標，現階段的努力是否足夠？
● 如果努力不足，採取哪些行動才能彌補？

此外，**填補落差有兩種方式：一種是補強自己的資訊，另一種則是掌控對方的期望值**。首先，我們試著思考如何補強自己的資訊。

補強資訊時，應該準備能夠填補落差的必要項目，以便網羅所有資訊。可以在前面範例列出的項目中，從對方最想知道的事開始說明，並盡可能連結自己想表達的事，確實傳達給對方。

藉由這個方法，才能回答對方想知道的事，同時融合自己想表達的內容。我認為這也是最直接的方法。

另外一種方法，則是一開始明確訂出手中資訊、想表達的範圍，徹底決定好「今天要談論這件事」。這也是掌控對方期望值的方法。

以業務的例子來說，先告訴對方：「今天要為您介紹敝公司的服務，希望能作為獲悉貴公司狀況的參考資訊。」這段話並不是在介紹產品，而是向對方表示此行的目的是詢問意見。

或是說出：「我將為您介紹敝公司的導入案例，以及導入後解決的問題，若有接近貴公司狀況的部分，還請不吝指教。」將談話定位為介紹導入案例，而非介紹產品特色，就能讓現場成為聆聽問題的場合。

若是報告工作情況，可以告訴對方：「接著報告目前為止的經過，還請您比較其他成員的工作狀況後，告訴我不重要或是應改善之處。」請求對方協助釐清期望值之間的落差，也是一種方法。

依上述順序組成的內容，與單純照時間排序的說明不同，效果也有顯著差異。**類推對方的興趣或關心之處，再依循其興趣建立故事，能夠擺脫想到什麼說什麼的狀況，達到適切傳達資訊的效果。**

POINT

明確掌握「對方想知道的事」與「自己想表達的事」。

越簡短越容易傳達？掌握2技巧精簡內容

學會使用概述和具體化

「請說得簡潔一些。」
「再表達得直接一些。」
「你說得太長了，再簡短一點。」

相信大家都經常聽到這類的指責，因此不少人認為：「好的說明應該是簡短有力。」

說明的確應該簡單，無謂且冗長的話不僅讓對方喪失耐心，也容易感到枯燥無味。資訊過多而把話拖得太長，也會讓對方不知道你想表達的重點。

從這個角度來看，越簡短的確越容易傳達。但另一方面，並不是簡短就一定是好事。**如果輕率地直接縮短文章，會變得太簡短而讓人難以理解**。用短文章清楚表達，其實需要非常高度的技巧。縮短文章的技巧有以下兩種：

- 概述（Summerize）
- 具體化（Crystalize）

這兩個技巧的細節將在後文詳述，以下先簡單說明它們的特點。概述是指從長篇文章總結出要點的技術，而具體化則是將焦點放在真正重要的事，將談話內容結晶化的技術。

這兩個詞彙還沒有明確的定義，因此我將兩者劃分為：**概述是讓文章短而簡單，具體化則是選取能表現出本質的關鍵字**。如果不能確實做到這兩點，即使縮短文章，最終會以不明所以的結果收場。

舉例來說，報紙或網路新聞的標題、電視娛樂節目中評論家的發言等，都可以算是概述或具體化的一種。但如各位所知，只用一句話表達往往會招致誤解。隨意縮短語句反而會喪失正確性，所以我才會說縮短文章是項高深的技術。

另一方面，如果表達得過度正確仔細，會變得非常繞圈子，導致內容冗長。實際上，市面上的專業知識書籍不僅將文字排得非常小，份量又非常厚，才能完整說明其中的觀念或理論。

想要將文章整理得簡短易懂並不容易，接下來請各位比較以下兩篇虛構商品的說明文字。

說明文A

- 三瓶一組的酒精飲料。
- 酒精濃度會逐漸下降。
- 隔天不會宿醉。

說明文B

- 以三瓶為一組販售的酒精飲料。
- 第一瓶的酒精濃度是七％，第二瓶是五％，第三瓶則是三％。以酒精濃度逐漸下降的方式組合而成。
- 第一瓶能滿足你想喝得酩酊大醉的欲望。
- 第二至第三瓶逐漸降低酒精濃度，能符合不想宿醉的期待。
- 三瓶的份量不僅相當充足，飲用的時間也會變長，因此能獲得滿足感。
- 與滿足感相比，酒精攝取量較少，隔天不容易宿醉。

哪一篇文章更能讓你湧現對商品的具體印象呢？我想不用多說，較長的說明文B比較能正確傳達商品內容。

當然，可能也有人會覺得說明文B太長了。然而，我們應該先理解的是，**既要確實保留內容，又要縮短長度，難度相當高。**如果勉強縮短文章，反倒害得內容難以理解，其實是本末倒置。

希望各位瞭解，即使文章再長，讓人看懂內容才是最重要的。因此，**重點不在於說明或談話的長短，而是能否正確地將訊息傳達給對方**。只要掌握概述和具體化的基本方法，便能讓內容變得簡單直接，使對方更容易理解。做法將在後面詳細介紹。

POINT

比起簡短而無法讓對方明白，篇幅較長但能確實傳達的說明更有意義。

▶ 概述（Summerize）

（範例）

before

日本細分為許多地區。
舉出具代表性的地區，有東京、大阪、京都、愛知、福岡、北海道、沖繩等地。
這些地區共有 47 個，其中大多數被稱為「縣」，但東京是「都」，大阪和京都則是「府」。
另外，只有北海道會連「道」一起稱呼。

after

日本分為 47 個區域。
分別是1 都、1 道、2 府、43 縣。
也就是說，除了東京都、大阪府、京都府、北海道之外，全部都被稱為縣。

重點

- **省略多餘的詞彙**：個別的縣名、「細」、「代表性的」、「合計」。
- **找出簡短、可直接替換的詞彙**：1 都、1 道、2 府、43 縣。
- **削減參考資訊**：只有北海道會連「道」一起稱呼。

▶ 具體化（Crystalize）

（範例）

before

您聽過「銀 BURA（銀ブラ）※」嗎？
許多人都認為是「在銀座閒晃散步」的意思，但其實是指「在銀座喝巴西咖啡」
據說這個詞發祥於銀座八丁目中央通旁的「CAFE PAULISTA」，只要點咖啡，就能得到咖啡廳發行的「銀 BURA 證明書」。

after

詞彙的語源或意義經常被人們誤解，「銀 BURA」就是一個例子。
「發祥地」會帶來商業機會，因此銀 BURA 的發祥地發行「銀 BURA 證明書」，藉此聚集許多顧客。
如果要去銀座，前往 CAFE PAULISTA 喝一杯咖啡吧。
你也可以成為「銀 BURA 成員」。

重點

- **本質並非只有一個，因此沒有絕對正確的答案。**
- **決定好應該說、應傳達的事之後，尋找適切的關鍵字。**
- **即使是刻意創造關鍵字也無妨（例如：語源、發祥地、銀座閒晃）。**

※譯註：
「銀 BURA（銀ブラ）」是由「銀」和「ブラ」兩個字組合而成，前者是指銀座，而後者常被指為「閒晃溜達（ぶらぶらする）」之意，但其實是來自「巴西（ブラジル）」一詞。

回報時如何講重點？從主幹開始表達、捨棄枝微末節

雖然前一節提到說明未必越簡短越好，但能縮短內容當然是再好不過。同時，**縮短說明需要高度的技術，其中最簡單的方法是減少想說的事。**

若以時間序列說明，不僅容易讓內容變得鬆散，也會包含不重要的細節。不過，人都比較善於根據經歷、思考的順序來回憶事物。

然而，一旦想要說明所有的事情或想法，資訊會變得非常多，這也是內容變得越來越長、難以讓對方理解的最大原因。

假設有人請你介紹一棵樹，不論先從樹枝或樹葉開始描述，都並非這棵樹的本質，而是應該從樹幹（有時是根）開始說明構成這棵樹的要素。更進一步來說，如果只能從「介紹枝葉」或「介紹主幹」這兩個選項擇一，則應該選擇從「主幹」說起。

讓我們試著以職場的例子思考，重要的是看清楚主幹為何、枝葉是哪個部分。

舉例來說，假設你是業務員，當主管問：「業績下滑的問題出在哪裡？」你的回答如下：

- 最近與大客戶A貿易公司之間的交易額，似乎有點低。
- 原物料價格持續上漲。
- 新商品的銷售業績不振。
- 新開發客戶中，難以突破B物產公司的戒備，所以無法達成交易。

以上的回答其實都是枝葉。雖然你提出的確實都是問題的原因，但列舉出這些回答，主管不免會有以下反應：

哪個才是問題的主因？（這裡面真的有列出主因嗎？若是已列出，又是哪個？）

總而言之，主要的問題是什麼？（可用一句話表現真正原因或是課題的答案嗎？如果可用一句話表達，就這樣做啦！）

另一方面，假如你回答：「開發新客戶沒有進展」，主管又會如何想呢？

確認理由、根據：為什麼會這樣覺得？（這真的是問題所在嗎？不是的話，應該試著進一步說明）

確認下一步驟：你有什麼對策？（如果這是問題，你的對策是什麼？）

前述兩種回答的差異在於，前者（枝葉）列舉出的原因，沒有回答問題重點，所以無法繼續討論。相較之下，主管可以從後者（主幹）的回答中，接收並理解答案，讓討論往下進行。也就是說，如果不先確實說出自己想傳達的事物，就無法讓話題有所進展。

此外，**省略不說也可以或是沒必要說的事。倘若有無論如何必須補充的內容，請把它擺到最後，當作補充資訊處理。**

POINT

別被枝葉擾亂，看清主幹才重要。

▶ 主幹與枝葉的傳達順序

1. 從主幹開始說明。
2. 接著說明枝葉。

重要的是找出主幹，
而非枝葉的資訊。

為什麼別人簡報可以獲得滿堂彩？因為他們都善於……

前一節談到「選擇主幹、捨棄枝葉」的技術，也是先前介紹活用概述或具體化的範例。在此重複一次，**概述是指歸納（總結要點），具體化則是指結晶化（萃取本質）。在顧問業界，有人將概述稱為「總結」**。善於說明的人會充分使用這兩個技巧。

不過，在總結（歸納）中有個極為常見的失敗，就是將資訊量變淺，這是因為歸納得太過簡略。我們以下列的短文為例，具體思考一下：

週末和女友約在新宿車站碰頭，然後搭上車體像鋼彈的白色浪漫號列車（VSE），覺得相當興奮。我們在車上一邊欣賞風景，一邊喝生啤酒。下車後沿著箱根湯本的河邊往上游走約十分鐘左右，並在附近的店家吃了蕎麥麵。在搭乘登山電車前往強羅的途中，到雕刻之森美術館泡足湯、喝香檳，最後在強羅溫泉住一晚。隔天又搭空中纜車，經過大湧谷去搭乘蘆之湖的海賊船，之後再坐巴士往箱根湯本移動，最後搭乘浪漫號踏上歸途。

如果總結這段話，容易出現「週末去旅行」的答案。如此一來，不僅失去具體性，也變成抽象的資訊，可說是最糟糕的歸納。

假如概述相同的文字，結果應該會是「和女友去箱根旅行」，或者可以更乾脆地說：「在浪漫號上喝生啤酒。」

如何聰明彙整說明的重點？你必須找出……

重點是，選擇能讓人想像具體狀況的關鍵字，再做出總結。如果選擇的關鍵字無法讓人在腦中浮現具體情景，並且產生聯想，這樣的總結無助於傳達任何想法。

雖然世界上有些情況是只想聽結果，但不是要你歸納內容，而是希望你回答結論。舉職場的例子來說，如果將報告的內容歸納後，得出「提升下單工作的效率」或

「讓庫存量最佳化」的情況下，則必須特別注意。

若是要歸納如何改善工作的作業流程，應該希望你具體說明「如何達成」。舉例來說，你應該提出：「由於系統會顯示建議下單量，店內庫存充足的物品會被標示為灰色，因此可以知道不需要下單。」

透過以上具體手段，若真的讓下單工作變得更有效率，則應該說明：「系統具有顯示建議下單量、非目標商品的功能，可以讓下單工作變得更有效率」。

具體思考、嚴格篩選出最應表達、想傳達的要點，而且直接清楚地表達，才是善於說明的訣竅。

POINT

把最應該傳達的重點萃取出來。

策略顧問善於表達的祕訣，在於用紙筆寫出思緒

在策略顧問的業界中，經常聽到一句真言：「無法寫下來的思考，不能稱之為思考。」把書寫的行為與思考畫上等號，並非言過其實。書寫是將思考具體化、視覺化的過程，而且將思考變得更客觀。

如果只是主觀地看待事物，無法加深思考的深度。更何況在向對方說明時，需要轉換為容易引起興趣、容易理解的順序，因此必須客觀地看待資訊。由此可知，如果真的希望自己能深入思考，應該客觀看待重要事物或自己的想法。

為了達成這個目的，建議你將想法或資訊都寫在紙張或筆記上。**書寫是一種將思考言語化、視覺化的過程**。透過書寫，能將腦中原本主觀的想法修正為客觀的內容。

自己的想法是否出現邏輯破綻，或者是否資訊不足，都能藉由書寫的過程冷靜評斷。

策略顧問是善於使用紙張或筆記本思考的專家。市面上，許多關於製作簡報、PowerPoint 技巧的書籍，都是由諮詢顧問撰寫，因此不少人認為，顧問都是善於製作 PowerPoint 和資料的人，但事實並非如此。

製作資料或用 PowerPoint 製作簡報的技巧的確都很專業，一般人在製作資料前，通常會使用紙張、筆記本、白板等工具整理思緒，應該很少人劈頭就先打開 PowerPoint 製作簡報。

在整理自己的思緒時，別一開始就啟動電腦。雖然 PowerPoint 會給人「應該整理過了」、「好像有這回事」的感覺，卻不適合用來彙整想法。

在學會整理思緒前，最起碼要先思考，並且用紙或筆記本建立清楚的邏輯，最後才使用 PowerPoint 做出成果。

若無論如何都想在一開始就使用電腦，我建議不要使用 PowerPoint 等視覺工具，而是先用 Word 等文字編輯工具寫下思緒。（若是思考視覺概念的情況，則不在此限。）

▶ 寫出自己的思緒

無法確實傳達，是因為沒有整理好自己想說的事。
先仔細觀察，寫出想法，再調整順序的過程非常重要。

整理自己的思緒，
將想法寫在紙張或筆記本上。

先別管長短了，你知道自己到底想說什麼嗎？

本書不斷重複提及，在將思考視覺化的階段，不需要在意書寫的內容長度。然而，很多人意外發現，自己明明知道內容冗長也無妨，卻還是沒辦法順利寫出腦中的想法。

許多時候，無法順利說明的原因並不是欠缺簡潔表達的能力，而是沒有決定好想要說什麼。別說追求簡短表達，當發現自己用長篇大論也無法表達想法時，才是實際踏出第一步。

無論是客戶或同事，實際向顧問諮詢時，總會有人煩惱自己無法直接清楚地表達意見。我發現他們並非彙整能力不足，而是打從一開始就不清楚自己想說的事。

這和頭腦聰明與否無關，而是因為他們不知道，說明前的基本動作是寫出想法，並且客觀審視。

彙整資訊的技術

如果你覺得自己好像無法順利說明，請嘗試用以下順序：

步驟1：根據自己經歷、思考的順序，寫出全部的想法。
步驟2：用紅筆或螢光筆註記想傳達的內容。
步驟3：重新彙整標上記號的部分，並集結成一組。
步驟4：將各組文字重新寫成一篇文章。
步驟5：決定各組文字的排列順序＝說明順序。

接著，讓我們詳細地逐一看下去。

步驟1：根據自己經歷、思考的順序，寫出全部的想法

首先請寫出想說明的全部資訊，不需要在意順序。依照時間書寫不容易遺漏，如果不擅長照時間表達，可以用條列式。根據不同內容，也可以使用4P、3C等架構概念（將在本書第143頁介紹）。

順帶一提，此時寫下的內容不可遺漏，但可以重複。即使出現類似的內容也無妨，因此盡可能寫出所有想法。

步驟2：用紅筆或螢光筆註記想傳達的內容

寫出所有想法之後，試著審視、閱讀文章，接著用紅筆或螢光筆，在你想表達或是對方可能感興趣的內容畫上顏色。

「與商品和服務相關的事用紅色」、「與顧客和使用者相關的問題用藍色」、「成功的體驗經驗用螢光黃色」、「今後採取的行動用螢光粉紅色」，以這樣的感覺分類各組文字，能使後續的作業更流暢。

步驟3：重新彙整標上記號的部分，並集結成一組

接著，將同樣顏色的部分彙整為一組文字，並且抽出各組的關鍵字。舉例來說，與商品、服務相關的描述有以下三點：

- 零售商提出意見，認為比競爭商品昂貴，所以不容易銷售。
- 根據問卷調查的結果，包裝受到極大好評。
- 透過開發部門的性能測試，證明自家商品的性能比競爭商品更佳。

如果在這些文字標註顏色，則可以抽出「高價」、「零售店的銷售方式為主要問題」、「優秀的包裝設計」、「優異的性能」等關鍵字。

步驟4：將各組文字重新寫成一篇文章

將各組文字彙整成關鍵字之後，再次調整語序、編輯成文章。審視步驟3抽出的關鍵字，一邊排列一邊寫成文章。如果這時候突然有想補充的事，也可以一起追加進去。根據步驟3的例子，可以寫成以下的文章：

性能的優勢，可當作向顧客解釋商品高價的理由。因此，要先向零售業者傳遞『因為具有高性能，所以價格較高』的訊息。另外，由於包裝受到顧客的好評，也要針對能展示包裝的陳列方式，向零售業者提案。

步驟5：決定各組文字的排列順序＝說明順序

最後是讓文字結構化。如同前文所述，要根據聽者的興趣，或是讓對方流暢理解的順序，改變說明的排列組合。如果在這個時間點還沒整理好自己想說的事，也要先讓對方想知道的事變得明確。

POINT

透過在紙張或筆記本上書寫，能從客觀角度觀察內容。

▶ 彙整說明資訊的步驟

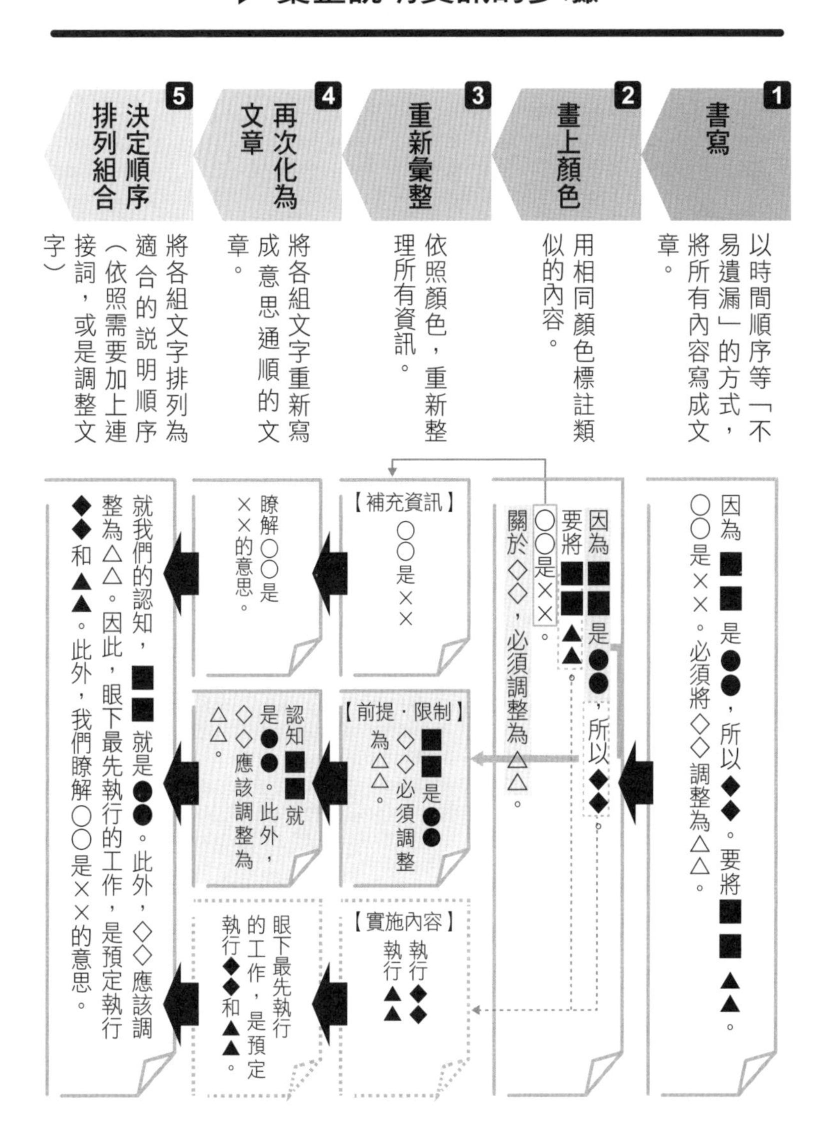
1 書寫
以時間順序等「不易遺漏」的方式，將所有內容寫成文章。
2 畫上顏色
用相同顏色標註類似的內容。
3 重新彙整
依照顏色，重新整理所有資訊。
4 再次化為文章
將各組文字重新寫成意思通順的文章。
5 決定順序排列組合
將各組文字排列為適合的說明順序（依照需要加上連接詞，或是調整文字）
因為■■是●●，所以◆◆。要將■■▲▲。○○是××。必須將◇◇調整為△△。
因為■■是●●，所以◆◆。要將■■▲▲。○○是××。關於◇◇，必須調整為△△。
【補充資訊】
○○是××
【前提・限制】
■■是●●◇◇必須調整為△△。
【實施內容】
執行◆◆
執行▲▲
瞭解○○是××的意思。
認知■■就是●●。此外，◇◇應該調整為△△。
眼下最先執行的工作，是預定執行◆◆和▲▲。
就我們的認知，■■就是●●。此外，◇◇應該調整為△△。因此，眼下最先執行的工作，是預定執行◆◆和▲▲。此外，我們瞭解○○是××的意思。

第4章

報告時，學會製作你的「說明地圖」！

讓對方更快理解你的話，用3方法幫他整理思緒

懂得整理自己的思緒，有助於提升說明力。整理對方想聽、想知道的話題以及自己想說的事，再思考要以什麼順序表達，才能創造一套對方容易理解的表達方式。

不過，這終究只是基本概念。**如果能再進一步幫對方整理思緒，不僅會使談話變得更流暢，也能讓對方願意依照你的計畫行動。**

上一章探討的是提升說明力的訣竅，而本章則談論提升對方理解度的祕訣。接下來要介紹提升對方理解度的方法，也是整理聽者思緒的技術。

或許有人會問：「這樣會不會改變對方思考的事情或方向？」其實並不會。

藉由引導說明方向，或是使用幾個小技巧，能讓聽者更深入理解話題。具體而言，要介紹以下三個方法：

- 用「地圖」整理對方的思緒。
- 用「問題」整理對方的思緒。
- 用「概念架構」整理對方的思緒。

那麼，讓我們繼續往下看吧。

POINT

利用三個方法整理對方的思緒。

避免對話總是迷失方向，你需要準備的道具是……

再怎麼仔細整理自己的想法，如果沒有幫對方整理好思緒，也無法讓他理解你想說的內容。那麼，該怎麼做才能幫對方整理思緒呢？

在多數情況下，對方不知道你接下來想說什麼，也不會知道其中的邏輯如何發展，有時候還會出現他完全不瞭解的話題。**這種情況下，往往容易讓對方不知從何開始、往哪發展，因此最有效的方法是共享地圖。**

只要聽者能掌握脈絡如何推移，或是話題朝哪個地方發展，就能快速跟上步調。如此一來，他將不再迷失於對話中。**因此，請在開頭就展現內容的整體樣貌，這將會成為彼此說明或討論時依據的地圖。**若不在一開始攤開地圖，參與對話的所有人都會迷失方向。

在生活中，當我們想去某個地方時，理所當然會先打開地圖，但不知道為什麼，在工作上總是省略這一步。工作也必須朝目的地前進，因此必須有人畫出地圖，並且在討論前展示給所有人看。

畫出地圖有以下三個好處：

- 瞭解應該思考的範圍（廣域圖）。
- 瞭解彼此正在談論哪個部分的事情（目前所在地）。
- 瞭解複數論點之間的關係（登錄地點）。

接著讓我們以「在會議上簡報自己發想的企劃」為例，試著思考看看。首先，以下是常見的開場白：

接下來要介紹關於自己發想的企劃「任意門」。首先，這項商品的靈感來自知名動畫《哆啦A夢》中的任意門道具。有了任意門，就能隨時前往想去的地方，我希望能使用現在的資訊科技來實現這個想法。實際上，這個企劃中使用的技術是投影機、網路攝影機和Skype。首先，要利用Skype……。

各位可以發現，這段說明完全照著說話者思考的順序，也是依照時間順序。因此，話題要往哪裡去？結束前要花多少時間？與會人員應該做些什麼？（或者是否被要求做什麼？）聽者在不清楚這些答案的情況下，持續聽你說話。

不過，讓我們試著重新組合內容，在一開始就打開地圖。

接下來要向各位介紹我的企劃案。今天將說明企劃發想，以及實現企劃的藍圖。關於這項企劃在技術層面是否可能實現，以及社會大眾對這項商品是否有需求，還希望各位能提供意見。

企劃名稱是「任意門」，名稱的由來是《哆啦A夢》的道具。接下來，要為各位介紹希望在企劃中實現的功能，以及這項功能為使用者帶來的價值，並且說明技術運用的相關事宜。結束後另外有時間讓各位發問或提出意見。

那麼，首先這個企劃發揮「任意門」的概念，任何時候都能讓人前往想去的地方……。

我們可以預測，與會人員在會議中聽了這段引言，知道你將說明以下內容：

▶ 整理對方思緒的地圖

【共享地圖的好處】

‧瞭解應該思考的範圍（廣域圖）。
‧瞭解彼此正在談論哪個部分的事情（目前所在地）。
‧瞭解複數論點之間的關係（登錄地點）。

一邊與對方看著同一份地圖，
一邊說明，更容易讓對方理解。

- 企劃發想。
- 實現藍圖（提供的功能和使用情境）。
- 實現方法（運用的技術或軟體、是否需要尋找企業夥伴？）

因此，與會人員在聽取簡報的同時，可以一邊參照地圖，一邊推測你目前進行到哪個階段，以及後續會持續多久。

此外，與會人員知道，聽完你的說明後，需要針對實現技術的可能性，以及企劃是否有機會被大眾接受，提供自己的看法與評論，因此在聽取簡報時，也會思考這些重點。

在開頭展示地圖，**讓與會人士共同掌握「我們朝著哪裡前進？」「沿途經過的路線為何？」不僅可以避免偏離主題，說話者和聽者也會以相同的步調前進。**

POINT

和聽者共享地圖，可以幫助對方整理思緒。

如何製作「說明地圖」，讓你的報告脈絡分明？

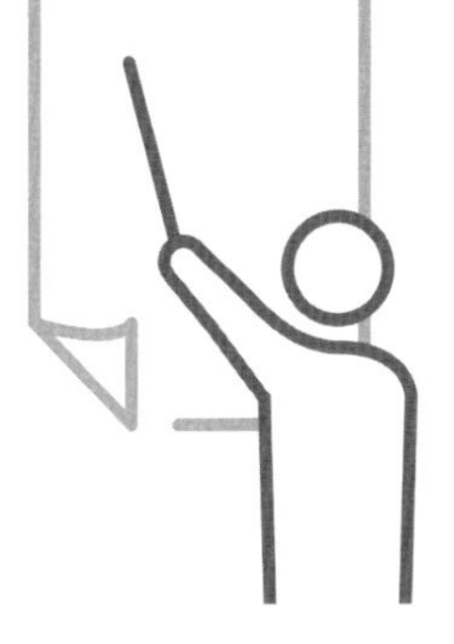

在說明時會使用到的地圖分為兩種，分別是：

- 描繪話題脈絡的「小地圖」。
- 描繪話題整體的「大地圖」。

前一節介紹的小地圖用於開頭共享話題脈絡，另一張大地圖則不會用於獨自一人說明的場合，而是用於多人發言、討論或擴想點子的會議與商談中。

那麼，究竟如何製作大地圖呢？製作大型說明地圖時，必須掌握以下五個鐵則：

- 鐵則1：地圖越大越好。

- 鐵則２：不要害怕修改地圖。
- 鐵則３：明確找出焦點。
- 鐵則４：經常返回確認地圖。
- 鐵則５：說明的開頭是打開地圖的最佳時機。

鐵則1：地圖越大越好

首先，大地圖的範圍越大越好。尤其在創意發想會議、掌握客戶需求的討論場合等，請盡可能畫出一張大範圍的地圖。

舉例來說，比起東京二十三區的地圖，應該使用關東廣域圖。比起利用日本地圖，更應該使用世界地圖，盡可能讓範圍更加開闊。這麼做，是為了避免對方的問題或意見超出預期範圍，防範發生預期外狀況的事。

假設以諮詢現場為例，在想法擴散的會議中，準備一張世界或宇宙等級的「無邊際」地圖後，即使中途出現的意見偏離討論主軸，也可以告訴對方：「那是火星的話題呢。」有效防止超出目前的討論範圍。如此不僅可以滿足發言者，也不會讓會議偏題。

若說得更具體一點，假如要說明商品優勢，卻只談到價格優勢，一定會出現問題。因為內容應該包含「產品特性＝功能」、「通路特色」、「實施中的促銷活動」等資訊。

如果這時候有人說出無關緊要的話，例如：「由漂亮女演員演出電視廣告也很不錯」，則可以定位為「促銷活動」。你可以回答：「難不成您是粉絲嗎？我確認一下有沒有印了她照片的小禮品，下次帶來給您喔！」以阻擋對方不切正題的發言。

絕對別告訴對方：「這段話和主題無關」，而是在廣泛的地圖上標註發言的位置後，再回到會議的主軸。

鐵則2：不要害怕修改地圖

在對話開始時打開的地圖並非絕對不可變動，而是可以配合討論過程修改。能依照一開始提出的地圖當然是最好，不過在大家侃侃而談的會議中，則不一定行得通。

有時候，會議中出現的意見可能是地圖比例尺不同、討論範圍不同，或注目的區域不同。這種情況下，不如讓會議的主題成為「製作所有人都能達成共識的地圖」。

若不是在災害現場等特殊狀況下，幾乎很少出現必須瞬間做出決定、非得說明完不可的狀況。**因此，為了避免往後迷路，當下多花費一些時間製作地圖也不是壞事。急事緩辦，欲速則不達。**

舉例來說，當你正在說明商品優勢，卻有人提出地圖外的意見，例如：「貴公司的客服應對不佳」等。面對這種情況，你可以回答：「您很重視售後服務呢」，擴展地圖範圍，同時詢問：「除此之外，您還有其他在意之處嗎？」「若您認為其他公司有做得不錯的地方，也請您不吝指教」，專注於劃定地圖的邊界。

鐵則3：明確找出焦點

盡可能廣泛地定義話題的整體樣貌後，明確鎖定會議商榷的重點。雖然**不需要刻意地固定範圍，但如果沒有事先掌握當下要談論的話題，容易失去焦點。**

以前面舉過的客訴例子來說，你可以回答：「今天請先容我介紹商品的優勢。關於您提出售後服務的問題，我會依照您的期望，與敝公司內部確認和調整，希望有機會能再為您說明。」以劃分會議的話題範圍。

也可以說：「謝謝您的指教，請容我將今天的會議改為聽取貴公司的期望，日後再重新為您介紹商品。」像這樣重新定義地圖內容，更換預定商談的主題也無妨。

此外，將地圖上的區域依照話題種類，標記出「價格」、「產品特性和功能」、「通路特徵」、「實施中的促銷活動」，把相似話題組合及整理成相同的文字。

鐵則4：經常返回確認地圖

定義範圍、共享說明地圖之後，應經常在談話中，回頭確認自己和與會人士目前所處的位置。攤開地圖也表示握有討論的主導權，因此可以在會議中展現存在感。此外，開會時確認地圖，則是讓所有人對主題產生共識。

有了說明地圖，能讓現場所有人掌握自己身在何方、以什麼為目標、為了抵達目標必須思考什麼事（例如：移動距離、最適合的交通工具、應跨越的障礙物），因此比較不會在抵達結論前迷失方向。

此外，可以將產生「錯誤」或「誤解」的概念標註在地圖上，若對話過程中出現

類似的誤解，便會有人察覺並主動指出。如此一來，也會提高理解的精確度。

有時候，明明已決定要說明商品優勢，有些人卻想討論過去交易上出現的問題。如果所有人都看著同一張說明地圖，這時或許會有其他與會人員也表示：「現在先別談那件事。」

或者，當你強調商品價格便宜，卻被人反駁：「清潔劑雖然便宜，容量卻比其他商品來得少吧？」更容易導出「價格」相關的話題，例如：「每公升單價較便宜」、「以更少的量達到同樣的洗淨效果」。因此，應該隨時注意說明地圖，並且一邊參照地圖，一邊往下解說或討論。

鐵則5：說明的開頭是打開地圖的最佳時機

打開地圖的最佳時機是在商談的一開始。確實做好準備再前往現場，並在會議開始前確定主題：「今天將在這個範圍內談論」，才能掌握主導權。

如果很難在第一次商談時執行，只要在第二次之後的商談前執行即可。告訴對方：「我試著用自己的方式，彙整上次開會的內容。」在兩次商談之間，不僅有充分的時間思考整理，還可以請身邊的人協助回顧內容。

另一方面，我建議在會議結束前十五分鐘，公司的高階主管可以緩緩起身面向白板，並以閃電般的速度，整理出目前的討論結果。

為此，商談中必須確實記錄與會人員的反應和發言，從最適合的觀點出發，嘗試使用各種不同的架構整理，同時還要具備製作出寬廣地圖的技術和速度。

之所以要在會議結束前十五分鐘執行，是因為與會人員容易在此時覺得「如果不做結論，會議將無法完結」，所以這個時間點是最適當整理的時機。

參加會議或商談的人因為不清楚「今天會議將朝哪裡發展」、「要談論哪個部分的事」，容易感到不安。這時候，**只要有一張地圖，就能讓與會人員感到放心，並好好理解你的說明內容。**

POINT

使用地圖掌握主導權，同時讓聽者感到放心。

萬一對方的腦袋很糾結，用「提問法」幫他找出邏輯

接著，要介紹整理對方思緒的第二個技術：用「問題」整理。前文中一再提到，說明是一種溝通，只有單方面說話的情況相當少見。說明時最理想的狀況是，一面引導出對方的想法，一面配合狀況傳達適切的內容。

在談話中提出問題，有以下幾項優勢：

- 聽者透過思考問題的答案，將思緒化為語言。
- 藉著聽者腦中出現自己說出的話，而產生脈絡。
- 說話者瞭解聽者所需的資訊，因此知道應補充及追加說明。

首先，聽者回答問題時，會說出自己的想法。這個道理與第三章介紹「將自己的

思緒寫在紙張或筆記本上」相同，因為很少人會有意識地彙整自己的想法。

一般人很少會先在腦中彙整思緒，通常都是在表達想法後，思緒才會逐漸形成。反過來說，如果沒有將思緒輸出，實際上就等於沒有彙整。

為了幫助對方整理思緒，讓他說話是最好的方法，而最適當的手段是提問。對方在回答問題時，會透過發言，認知到自己真正的想法或心情。很多時候，一開始思考的事，會與反覆回答問題後產生的答案不同。

舉例來說，原本認為自己討厭運動的人，只要仔細深入詢問，會發現他其實只是不喜歡跑步而已。

讓對方認知到自己的想法，就是在幫助他整理思緒。此外，因為說出口的話無法收回，自然必須應運對話產生的脈絡，這是提問的另外一個效果。

舉例來說，假設有人被問到有沒有什麼困擾時，回應：「其實我一直受腰痛所苦。」由於這段發言無法收回，因此一旦業務員立刻向他提案：「您覺得這樣的商品如何呢？」他也難以反駁：「不，我不需要。」

因為說話者無法收回「腰痛不舒服」這句話，如果回覆「不需要」，也會與自己原本說過的話產生矛盾。

有句話說：「業績好的業務都善於傾聽」，正是因為他們能夠順著對方說話的脈絡接話。相反地，那些不讓對方說話、自顧自講個沒完的業務員之所以業績差，是因為對聽者來說，他們始終都只在單方面說明。

另外，**提問比起單方面說明，更能夠獲得資訊。如同本書一再提醒，說明的重點是要說出對方想聽的事。**以自我為中心的說明是毫無意義的。藉由提問，可以問出對方尋求的事，也能修正說明的方向。

找出對方真正追求的事

順利說明的必要因素是，盡可能隨時整理對方腦中的思緒。

舉例來說，某位顧客一直無法決定兩天一夜家族旅行的目的地。這一家人雖然提案要去東京迪士尼樂園，但仍在煩惱行程是否妥當。假設你是旅行社的接洽人員，會如何與顧客對談呢？若是我（田中）與顧客洽談，會這樣開啟話題：

田中：「迪士尼樂園不是很適合嗎？還是您有什麼在意的事呢？」

顧客：「是的，因為如果要帶著孩子，我認為沒辦法好好享受。」

由此我們可以猜測，認為迪士尼樂園是無法帶著孩子享受的地方。

田中：「原來如此，所以您認為孩子無法盡情玩耍、樂在其中嗎？還是指父母無法好好享受呢？」

顧客：「我想兩者都是，大寶是小學低年級生，要他排隊是很困難的事。而且，一邊推著二寶的娃娃車，一邊在遊樂園裡面移動，我認為不論是我或太太，應該都會覺得很累。」

長時間等待，的確連大人也覺得辛苦。因此，下一個問題是：

田中：「我想順便請教一下，請問您為什麼會選擇迪士尼樂園，作為這次家族旅遊的目的地呢？」

顧客：「因為孩子還沒出生時，我們夫妻每年都會去一次迪士尼樂園。不過有了孩子後，實在很難有機會再去，所以我認為這次家庭旅遊或許是個好機會。」

以這個家庭的狀況來說，應該不是因為孩子喜歡迪士尼的角色，而是雙親相當喜歡迪士尼樂園。

田中：「原來如此。順帶一問，您孩子平常的興趣是什麼，或是有喜歡的角色嗎？」

顧客：「這麼說或許聽起來像是傻瓜父母，但他好像很喜歡繪畫、雕刻之類的東西，也會一直看艾雪的畫冊呢。」（譯註：莫里茲·柯尼利斯·艾雪〔Maurits Cornelis Escher〕，是荷蘭版畫藝術家，其錯視藝術作品相當知名，在平面視覺藝術領域中有非凡的成就。）

話題至此，這名顧客的腦中應該會浮現以下幾個想法：

- 如果要去人多的地方，可能等孩子大一點再去比較好。
- 如果要去迪士尼樂園，應該另尋夫妻兩人一起去的機會。
- 因為要帶孩子去，或許以孩子為主，考慮旅遊地點。
- 如果孩子有意想不到的興趣，也不是什麼壞事。

根據這些內容，我會這麼向對方說明旅行計劃：

「原來如此。就我聽到您方才的想法，或許等孩子們再大一點去迪士尼樂園會比較輕鬆。如果您孩子對於繪畫、雕刻這類藝術品有興趣，推薦您箱根的『雕刻之森美術館』，您覺得如何？

「附近也有不少家族旅行的住宿地點，我認為很適合和小朋友一起住。如果有其他機會的話，夫婦倆另外再找機會去迪士尼樂園應該也不錯。

「不過，有些祖父母會想和孫子一起過夜，如果您對這個提案有興趣，我會推薦備有房間相連的連通房，要不要也考慮看看呢？」

換句話說，在這個例子中是用以下的順序說明：

- 首先提出問題，讓對方思考的內容化為語言，並且共享資訊。
- 根據共享的資訊內容，介紹可能符合期望的方案。
- 雖然可能與整理後的期望有落差，但也介紹調整過後的迪士尼樂園方案。

透過提問巧妙地抽出對方的想法，並將自己想表達的內容加以組合，再確實傳達給對方，是善於說明的必備訣竅。

POINT

提出問題，找出對方想要的資訊。

站在對方的立場思考，來修正你想說的內容

「要站在對方立場思考。」這句話經常使用在服務業，但其實對所有商務人士來說，都是非常重要的箴言，本書主要介紹的說明場合當然也不例外。

商務人士在商場中有時候是賣方，有時也會成為買方。有時可能是主管，從不同角度來看，也可能是部屬。除了極少部分的人以外，我們都必須根據狀況，扮演不同的角色。

我想說的是：**對話中的立場具有不同強度。更直接了當地說，可分為強的立場和弱的立場**。如果是賣方和買方，基本上賣方的立場較弱。如果是主管和部屬，主管的立場較強，而部屬的立場較弱。

因為有兩個不同的立場，即使只是告訴你：「要站在對方的立場思考」，必須做的事也有差異。

當自己的立場薄弱時，要想像對方要求的事

如果你的立場是部屬或賣方，站在對方的立場時，會是什麼情況呢？我想應該要想像主管或買方「要求的東西」。

對方想知道什麼？想聽什麼？試著想像以上的問題。不習慣時可能會覺得困難，但只要平時主動意識到這些問題，就能漸漸掌握他的想法。重點是有意識地執行。因此，你必須時時認真地想像對方所追求的事，並驗證自己的想像是否正確。

當自己的立場強大時，則回憶過去的自己

另一方面，若你處於立場強大的一方，情況又是如何呢？當自己的立場比較強時，很少會顧慮對方的心情。若以買方和賣方的關係來說，多數情況下，買方不會顧慮賣方的想法。

不過，即使不需要顧慮心情，顧慮他人的行動會讓說明過程更順利。如果雙方關係屬於公司的主管和部屬，由於部屬現在所處的位置，也是主管曾走過的路，主管則

應該試著回顧過去自己的情況。

主管可以回想：「當自已曾經身處部屬的位置時，會因什麼事情感到困擾？」舉例來說，試著思考自己還年輕時，對主管的指示是否有不瞭解，或難以啟齒的地方？或者，如果自己是買方，可以試著思考過去站在賣方的立場時，是否發生過沒有清楚傳達期望，或是不慎造成誤解的經驗？

只要能做到這一點，不僅能大幅減少錯誤，也能提升團隊生產力，不會再延遲交貨期。**無論自己的立場如何，都應該先想像對方的立場。如果發現自己提供的資訊不足，可以與對方共享資訊，彼此就能站在相同起跑線。**

這樣講或許各位不容易想像，你可以像前一節介紹的提問法，一邊向對方提出問題，並透過問題整理腦中思緒，一邊說話。

當你告訴孩子：「搭手扶梯時不能將身體伸到外面」、「不可以在電車車廂的連接處玩耍」、「不能在公共場合大聲喧嘩」，他們可能無法理解。因為他們無法想像後果，例如：可能會受傷、受傷會很痛、如果受重傷父母會難過、會給父母帶來困擾等。

另外，孩子也無法想像這些行為會帶給周遭人們什麼感覺。同樣地，**在商場中無**

法站在對方立場思考的人，基本上都很孩子氣，他們的本質與會在電車中奔跑的孩子並無二致。

如果你確實想像，並站在對方的立場看清他需要的資訊，而且適時補充，一定能讓對方理解你想傳達的內容。

POINT

提出問題，找出對方想要的資訊。

諮詢顧問都用MECE原則，幫助分析說話的架構

如果想抽出對方腦中思考的內容，並加以整理，那麼活用架構來定義整體內容，是一個有效的方法。

各位有聽過「MECE原則」嗎？MECE來自 Mutually Exclusive Collectively Exhaustive 的字首字母，意思是指「彼此獨立、互無遺漏」的狀態。說得更淺白一點，是**不遺漏、不重複的意思。換句話說，是指一切要素都納入其中（互無遺漏），也沒有任何重複（彼此獨立）**。

諮詢顧問使用的對話架構，都符合這套MECE原則，並重視整理思緒。其中相當有名的部分，就是3C、4P、五力分析的概念：

- 3C：從 Company（自家公司）、Customer（顧客）、Competitor（競爭對

手）三個層面看待事物。

- 4P：在理解產品或服務時，以Product（產品）、Price（價格）、Place（通路）、Promotion（促銷）四個面向來考量。
- 五力分析：指經營環境中的五種力量，可分為「賣方（供應者）」、「買方（顧客）」、「競爭對手」、「新進入者」、「替代品」五個觀點。

除此之外，還有很多不同種類的架構，市面上也有許多相關書籍。讀者若想知道其他類型，可以參考其他書籍。這次，我們運用上述架構，思考如何整理對方腦中的思緒。

不過，各位絕不能誤以為「架構是萬能的」。雖然架構本身符合MECE原則，也能定義整體概念，但更重要的是適當地活用。我們不該只將架構當作知識，便感到滿足，而是要實際使用。理解架構的使用方法，讓它成為自己的技能，才能提升說明力。

試著用具體例子來思考。請想像一個情景：你必須向客戶說明，比起競爭商品與自家既有商品，自家公司新發售的業務用洗衣清潔劑有何優異之處。雖然一般情況是

▶ 可用於說明的架構概念

名稱		
3C	**4P**	**五力**
說明		
與自家公司環境相關的三個「C」	將市場中的重要元素以四個「P」來表現	將帶來經營環境重大影響的關鍵因素，分為五個「力量」
圖像		
Customer（顧客） Company（自家公司） Competitor（競爭對手）	Product（產品） Price（價格） Place（通路） Promotion（促銷）	新進入者 賣方 競爭對手 買方 替代品
舉例		
【發生什麼事？】 **Customer：** 購買意願下降，偏好廉價商品。 **Competitors：** 投放電視廣告，積極引進低價商品。 **Company：** 優勢在於高價商品，市佔率下滑中。	**【如何提升業績？】** **Product：** 推出具有新功能的新商品。 **Price：** 提升價格。 **Place：** 開拓新的銷售通路。 **Promotion：** 打廣告。	**【豐田汽車的威脅是？】** **新進入者：** 本田（Honda）、BMW等。 **賣方：** 零件製造商。 **買方：** 經銷商、消費者。 **替代品：** 特斯拉（Tesla）。 **競爭對手：** 計程車、公車、共乘、虛擬實境等。

對聽者說明差異和優點，但其中也涵蓋各式各樣的訊息，例如：

- 平均每公升的單價較便宜。
- 使用少量清潔劑，就能徹底去除污漬。
- 包裝小巧、容易收納。
- 原料為植物萃取成分，使用上更安心、安全。
- 具有防臭、防霉效果。
- 若使用定期配送服務，可以省下訂購的麻煩。
- 簽訂定期配送合約，可享五％優惠，十分划算。
- 選擇試用方案的話，初次購買只要半價。
- 不使用香精，最適合用於食品相關產業。
- 去油污力強，容易去除染漬。

假設顧客為連鎖餐廳的總部，請以4P的觀點分類這些優點，再進行說明。

● **Price：價格**

敝公司的新商品在價格上深具優勢。不僅平均每公升的價格比原有商品便宜△△日圓，可以用比原本少××％的量，達到相同的洗淨效果。

● **Product：產品**

除了洗淨力，還具有防臭、防霉的效果。不僅能強效去除污垢、油漬，醬油等染漬也能輕鬆消除。此外，原料為植物萃取成分，連銷售食品的客戶都認為安心、安全，並給予好評，而且完全沒有使用香精，不會影響料理的香氣。只要使用少量洗劑，便能得到相同效果，再加上包裝小巧，收納時不會造成困擾。

● **Place：通路**

有定期配送服務，能定期將商品送到您的手中，減少追加訂購的麻煩。

● **Promotion：促銷**

只要您註冊使用定期訂購服務，每次能得到五％商品購物金。現在透過試用方案，初次購買可以享有半價優惠。

上述內容傳達四個訊息：**「價格＝便宜」**、**「產品＝高效能」**、**「通路＝方便送達」**、**「促銷＝現買現賺」**。只要運用適當的架構，在整理資訊時加以說明，就能輕鬆地在對方腦中建立架構，幫助對方理解。

POINT

使用架構輔助說明，可將對方腦中的思緒化為清晰的結構。

▶ 用4P整理資訊

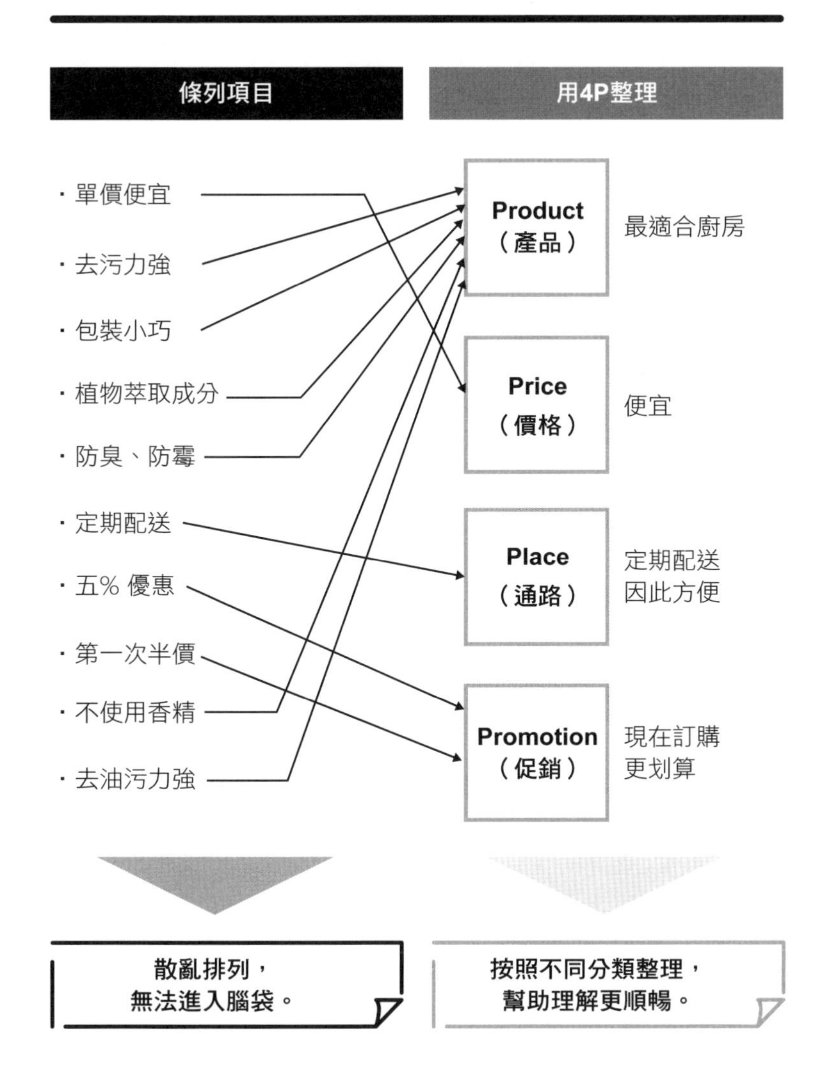
條列項目
用4P整理
・單價便宜
・去污力強
・包裝小巧
・植物萃取成分
・防臭、防霉
・定期配送
・五% 優惠
・第一次半價
・不使用香精
・去油污力強
Product
（產品）
最適合廚房
Price
（價格）
便宜
Place
（通路）
定期配送
因此方便
Promotion
（促銷）
現在訂購
更划算
散亂排列，
無法進入腦袋。
按照不同分類整理，
幫助理解更順暢。

第5章

報告後，留下「會說話」的好印象，祕密是……

想用話語影響對方行動，重點在於事前調查！

到目前為止，書中都是以說明順序為主題，接下來要介紹的祕訣，除了能幫助對方理解內容，還可以打動人心。

一開始，想告訴各位的重點是：**要確認想表達資訊的詳細程度**。如同前文提到，說明時必須將對方不知道或不理解的事，用語言清楚明瞭地表達。換句話說，最大的前提是自己必須確實熟悉這些資訊。

對業務員來說，自己具備多少專業知識，有沒有可能回答不出來的問題，是很重要的事。不過，做不到這一點的人也比想像中得多。

舉例來說，若要說明日本經濟問題的癥結點，**即使你有自己的主張，若沒有背景知識或資訊，便無法順利解說，因為說明的根基是你所擁有的資訊**。當然，你不必將所有訊息都告訴對方，只要配合狀況或必要性，傳達對方想知道的事即可。

重要的是，提升資訊密度和精確度，與能否透過適當說明，將必要資訊傳達給對方密切相關。

重要的是事前調查

有時候我們可能會說：「雖然大家都這麼想，但事實並非如此。」此時如果你不知道事實為何，就無法妥善說明，前文舉出的牛磺酸案例也是如此。幾乎所有人都不具備牛磺酸的相關知識。大家只透過電視廣告，知道牛磺酸是營養補給飲料中的某種成分而已。

在不清楚事實的情況下，想要說明也有難度。為了能確實表達，自己必須先清楚瞭解事實。**池上彰先生或策略顧問之所以善於講解，或是讓人覺得說話淺顯易懂、趣味橫生，是因為他們用自己的方式，理解其他人不知道的事。**

如果只用表達方式高明與否，來考量一個人是否善於說明，會有失公允。除了表達方式以外，充分具備背景知識也非常重要。我們未必要在所有領域博學多聞，但如果想清楚地說明某事，則需要收集相關的必要資訊，因此調查是相當重要的步驟。

策略顧問會先著手調查或分析問題，也是基於這個道理。徹底調查事實或現狀，才能表達得易於理解。**想要善於說明，以下三點非常重要：確實事先調查；調查思考過程中令自己在意的事；不在一知半解的狀態下結束。**

POINT

想邁向善於說明之路，可以從徹底調查開始。

先掌握大方向，深入解說才會變得更順利

第一章曾提到，專家的說明經常難以理解，因此本章我們要思考如何解決這個問題。

為了讓對方聽懂內容，只要能正確地找出他能理解到什麼程度，便不會再做出艱澀難懂的說明。很多時候，越是想要讓人瞭解內容，越容易包含不必要的細節，反而令人更難懂。例如：

- 餐廳店員鉅細靡遺地解說本日推薦菜單，甚至介紹食材產地和調理方式，但顧客根本記不住，反而不知道到底該點什麼餐點。
- 為了滴水不漏解說新機器或應用程式的使用方法，於是寫出一本任何人都讀不下去的操作手冊。

● 想向主管報告所有經手客戶的交易狀況，結果被主管反問：「你到底想說什麼？」

以上都是因為內容過於詳細，反而變得難以理解的例子。

食材的產地很重要，應該也蘊含著主廚的堅持，但對客人來說，「好不好吃」比產自哪裡更重要。新機器或應用程式的使用方法也一樣，能夠正確記述當然是好事，但讓人瞭解該產品最低限度的用法更有幫助。

雖然對業務員來說，與個別顧客的交易狀況非常重要，但對主管來說，還有許多部屬需要管理，熟知每個部屬負責的顧客，就現實狀況而言相當困難。主管只需要粗略掌握狀況就足夠。

還有，**從大方向理解也很重要**。即使對方最後仍需要正確地知道精細數字或狀況，但如果一開始就想讓他完全理解，需要呈現更多周邊資訊、前提資訊，難免把談話內容拖得冗長。

因此，首先要向對方傳達大致的框架。假設要告訴對方位置，可以說：「如果從方位來看首先要往西。」之後再補充細節：「往西北方走五百公尺的附近」，讓對方深入掌握資訊。具體實例如下：

● 告訴對方打九五折還是九七折之前，先表明：「比原價便宜。」
● 在詳盡報告「A分店業績達成九五％，B分店達成一〇二％，C分店達成一〇八％」之前，先表達整體內容：「十五家分店中，有十三家分店達成目標。」如果想強調未達成目標的部分，則說：「有兩家分店未達成目標，因此提出因應對策。」
● 比起先說明：「首先由現場負責人確認，接著由同事間互相確認，其後由團隊領導者確認完後，內容再交由課長複查。」應該先告訴對方：「我們從銷售現場到管理者，設有五個層級的確認機制。」

除此之外，以餐廳的例子來說，可以先介紹：「使用魚的料理有三種，使用肉的料理則有兩種。」再說明：「魚的部分推薦花鱸和鯛魚。花鱸的調理方式有兩種；肉則有牛頰肉和鹿肉。」便能在對方的腦中建立事情的脈絡。

刻意從大框架開始說明，再進入細節，這種順序能讓對方更容易理解。

POINT

看清對方需要理解到什麼程度，再從粗略的部分開始說明。

用「邏輯樹」統一內容的層次感，避免重複難懂

說明時加以整合內容的尺寸、大小，有助於對方理解。整合也稱為統一「層次感」或「粒度」。

舉例來說，汽車、摩托車、自行車，在交通工具種類中具有相同的粒度。如果加入公車或計程車，則會變得不統一。換句話說，將包含關係（某一方包含某一方）的事物排列在一起，則會產生奇怪的感覺。

請回想本書143頁介紹過的MECE原則。如果在同樣層級的項目出現重複，則可以判斷沒有整合粒度。當你問：「午飯要吃什麼？和風料理？中華料理？還是披薩？拉麵或壽司？」從粒度的觀點來看，層級參差不齊。

如果加以整理，應該會是以下感覺：

- 和風料理：定食、壽司。
- 西式料理：義大利菜、法國菜。
- 中式料理：中華餐點、拉麵。

姑且不論拉麵是否為中式料理，整合粒度的意識十分重要。讓我們再看一個更符合職場的案例。假設你必須彙整各家店鋪整年的銷售結果，並且向主管報告，可能會出現以下這段話：

關於店面的銷售額，全分店合計比去年增加大約兩成，為一一九％，比上一年度的全期目標一一〇％更高。其中，新店面帶來的銷售額佔一一％，如果只看現有店面的話則是一〇八％，也有達成現有店面的目標一〇五％。

八家新店面的計算基準是開幕後三個月，並以年末的月銷售額提升五％為目標，進行促銷活動，共有六家達成目標。未達成目標的兩家店面中，某某街道店是因為××、而△△二丁目店則是因為□□的緣故，因此我們正在商討明年的改善對策。

在現有七十三家店面中，銷售額成長的有六十五家，下滑的有七家。關於銷售額成長的店面，達一二〇%以上大幅成長的有六家，一一〇%以上的有十六家，一〇五%以上的有三十一家，一〇〇%以上的則有十二家。

大幅成長店面的共通點，可以認定是因為■■和★★，至於銷售額停滯、減少的店面部分則是……。

如果用粒度的觀點整理這一段說明，可以整理成以下文字：

- 全體：全體店面合計。
- 店面區分：新店面和現有店面。
- 新店面的詳細內容：有六家達成目標，兩家未達成目標。
- 新店面未達成目標的詳細內容：某某街道店和△△二丁目店。
- 現有店面的詳細內容：六十五家銷售額增加，七家銷售額下滑。
- 現有店面銷售額增加的詳細內容：達一二〇%以上共六家、達一一〇%以上共十六家、達一〇五%以上共三十一家、達一〇〇%以上共十二家。

- 現有店面銷售額的詳細內容：分為銷售額大幅提升、停滯及減少的店家。

這個例子的關鍵在於**從大範圍開始說起，並且慢慢地推展到細節，同時組合對比的文字，調整為同樣的粒度**。整合粒度後加以說明，在對方腦中建立更容易理解的框架。

整合粒度的方法

整合粒度時，建議各位使用「邏輯樹（Logic Tree）」的架構。策略顧問會將所有事物都化為架構，其中最具代表性的是邏輯樹。

假設要去某個地方，我們會想到的選項有搭計程車、搭電車、走路、騎自行車，或是搭飛機。諮詢顧問在審視這些交通方式時，往往可以將它們分為以下兩類：

- 固定路線的移動方式（大眾交通工具）：電車、飛機。
- 可自由設定路線和目的地的方式：計程車、徒步、自行車。

▶ 邏輯樹（Logic Tree）

想到計程車、電車、徒步、自行車、飛機等選項……

1. 首先，使用邏輯樹整理

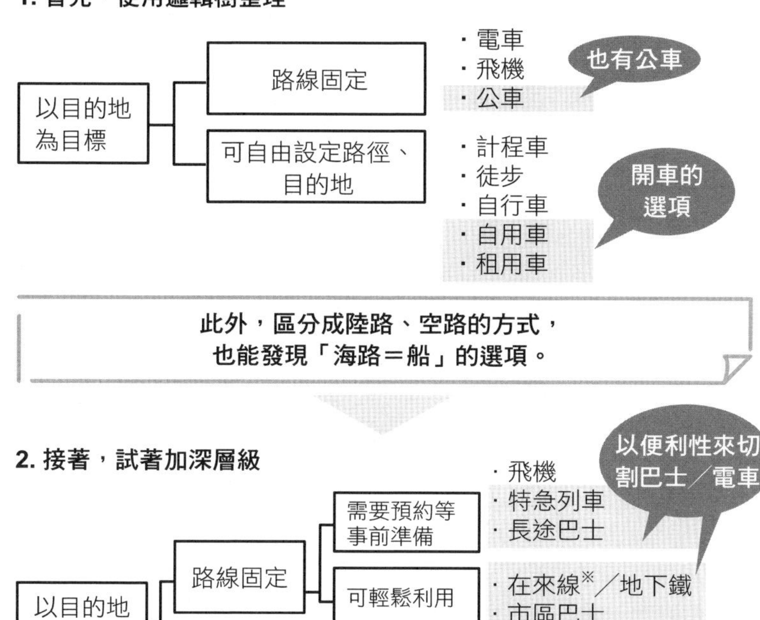

此外，區分成陸路、空路的方式，
也能發現「海路＝船」的選項。

2. 接著，試著加深層級

以目的地為目標
路線固定
可自由設定路徑、目的地
需要預約等事前準備
可輕鬆利用
由某人駕駛
自己駕駛
・飛機
・特急列車
・長途巴士
以便利性來切割巴士／電車
・在來線※／地下鐵
・市區巴士
・計程車
・朋友的車
・自用車
・租用車
・自行車
・徒步
也有不開車的方法

由左至右依序說明，就能整理聽者的思緒。

※譯註：
在來線是日本鐵路用語，指新幹線以外的舊國鐵／JR 鐵道路線。日文中「在來」的意思即是「既有」之意。

如此一來，人們容易察覺到，除了電車外還可以搭公車。從自由移動的觀點來看，也會發現可以使用自用車或租用車，透過整合粒度會產生不同的想法。更進一步來說，在自由移動的方法中，還會思考是否要自己開車，或是針對既定路線的分類，從自由度的高低來思考便利性（班次數量、是否需要預約）。

根據整理後的邏輯樹，從粒度較大的事物開始說明，聽話者可以更容易掌握談話的整體結構，加深對內容的理解。

順帶一提，4P、3C等架構的粒度都是統一的。不善統一粒度或層次感的人，若能試著使用架構思考，相信會是很好的訓練。

POINT

確認內容是否沒有重複，更容易統一粒度。

善用「分歧條件」，可以避免對方解讀錯誤

面對面說明時，雖然可以當場提問、確認，並且繼續解釋，但在寄送電子郵件等單方溝通的形式時，則需要設定「分歧條件」。

電子郵件是由收件者一個人閱讀，信中所寫的資訊不會出現變化，收件者在閱讀時，即使認為有點奇怪，也無法即時向你提問。因此，利用電子郵件時，更要比面對面說話時，多顧慮閱讀者的理解程度。

首先，基本概念是，必須確實想像收件者在閱讀信件時，同時會思考什麼事、產生什麼感覺。寫電子郵件時，只要利用第二章介紹過的順序：先整合前提，再寫出結論、理由，或事情原委等補充資訊，便能讓對方理解。幸好電子郵件有充分斟酌文字內容的時間，因此請確實整理後再書寫信件。

不過，有時候對方的想法會影響話題方向。當我們向對方傳達希望他採取的行動

時，狀況會因判斷而分為不同種，甚至變得更為複雜。這時候請利用電子郵件的字面內容，使用分歧條件表達你的想法。**分歧條件指的是清楚寫明：若A則X，但若B則Y的條件**。舉個例子，試著思考「要求部屬預約餐廳」的情境：

- 後天晚上自家公司兩人、客戶兩人，共四人一同用餐。
- 每人預算五千日圓左右。希望是日式料理、包廂，但希望避免榻榻米和室。
- 打電話給惠比壽的△△餐廳，若包廂仍有空位就先預約。如果沒有則選低一個等級的半包廂，請先點生魚片拼盤。
- 如果訂不到，則改訂廣尾的▲▲餐廳。若沒有兩間包廂就放棄。
- 若兩家餐廳都客滿，希望找一家符合前面條件的餐廳。
- 我希望明天早上跟客戶聯繫，請在今天下班前完成預約，再以電子郵件告知結果。

從指定第三家店之後的部分，都屬於分歧條件。雖然我刻意寫成條列式，其實大多情況都是寫成文章。除此之外，如果要舉和職場直接相關的範例，例如：「今天預定執行任務A和任務B，但剛剛被前輩交付了任務C」的狀況，也是個好例子。究竟應該選擇任務A還是任務B，來置換成任務C呢？

還有，剩下的任務（A或B）以及新追加的任務C，應該先從哪一項著手呢？能否確實利用文字表達，將會展現出你的說明力。

如果疏忽分歧條件，只是單方面說明，結果多少會和預期產生落差，或是讓對方的理解陷入瓶頸。如此一來，必須多次書信往返，造成效率低落。

從有效率地將資訊傳達給對方的觀點來看，適當的分歧條件是不可或缺。這個思考方式在面對面說明時也很有效。

預先整理出在什麼條件下會產生什麼結果，並思考要用什麼流程傳達，就是模擬說明的過程。善於說明的人會在事前列出清晰的分歧條件。在初始的階段，應盡可能思考大量的分歧狀況，再前往洽談，並驗證哪一個條件正確。

POINT

想像對方腦中的思緒，模擬對話流程。

▶ 分歧條件

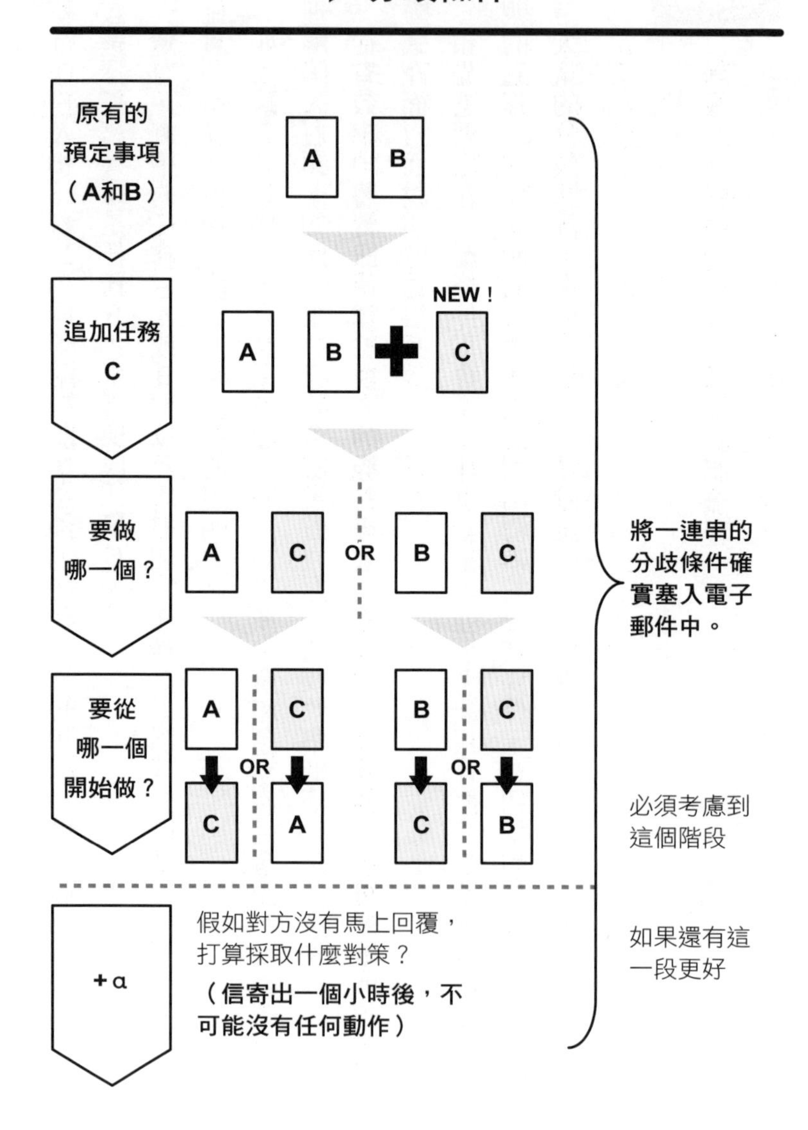
原有的
預定事項
（A和B）
A
B
追加任務
C
NEW！
A
B
C
要做
哪一個？
A
C
OR
B
C
要從
哪一個
開始做？
A
C
OR
C
A
B
C
OR
C
B
+α
假如對方沒有馬上回覆，
打算採取什麼對策？
（信寄出一個小時後，不
可能沒有任何動作）
將一連串的
分歧條件確
實塞入電子
郵件中。
必須考慮到
這個階段
如果還有這
一段更好

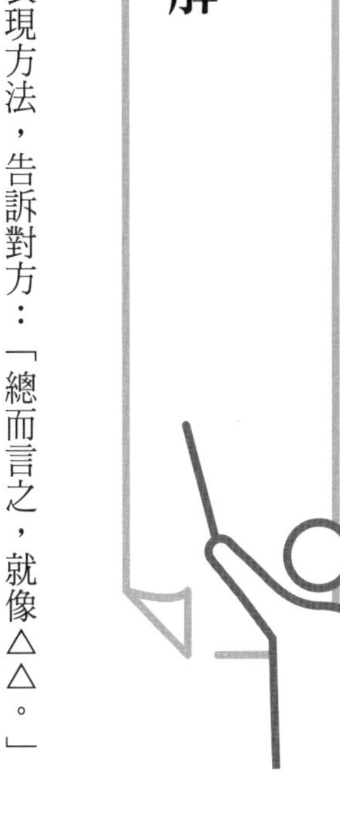

善用「比喻」，就能讓對方立刻理解

在對話中，我們有時會用這種表現方法，告訴對方：「總而言之，就像△△。」**「像△△一樣」的表現方式，稱為「類比（Analogy）」**，**如果說得簡單一點，是指「比喻」**。當你向對方說明他不知道或不理解的事物時，比喻是個十分強而有力的工具。即使對方不知道A，但如果以他「已知的B」作為範例，不僅可以幫助對方理解，也更容易傳達說明的內容。

關鍵在於：要以A和B之間「相似的部分」為主軸，將A比喻為「像B一樣」。接下來讓我們著重這個關鍵，解說優異的類比（比喻表現）應該注意的部分。想要聰明運用類比，有以下三個原則：

- 原則1：用對方知道的事物來比喻。

- 原則2：確實相似。
- 原則3：具有讓人意想不到的特質。

讓我們逐一往下看。

原則1：用對方知道的事物來比喻

當要將A比喻為「像B一樣」時，大前提是聽者確實知道B為何物。換句話說，**利用對方能想像的事物，例如一般現象，或貼近對方的專門領域、知識、興趣範圍，才算是好的類比條件。**

舉例來說，電視遊樂器的定位，應該對一定年齡以上的人來說，具有非常明確的印象，但特定年齡層以下的族群，則可能聽過、卻沒見過實體遊戲機。

如果聽者不知道電視遊樂器，你卻使用「像電視遊樂器那種東西」的比喻，則必須再說明電視遊樂器為何，反而會增加對方的疑問。只要對方不瞭解你用來比喻的東西，類比便無法成立，因此，應該使用對方非常瞭解的事物當作比喻。

原則2：確實相似

用相似的事物來比喻是理所當然的事，**重點在於：用來比喻的事物與想說明的內容，必須具有相似的本質。**

假設有人告訴你：「漫畫就像教科書一樣。」雖然他可能想表達的概念是「書裡寫著很多好的東西」、「有很多應該學習的事物」，但卻讓人不禁懷疑：「這兩個真的很像嗎？」

它們雖然都屬於書籍，但將兩者相似的部分去除後，會發現：

- 漫畫以圖畫為主，但教科書以文字為主。
- 漫畫有趣，但教科書死板。
- 漫畫的內容以商業性質、市場導向為主，但教科書的內容非商業性質，且具有強制性。

兩者互相比較過後，差異更顯而易見。如果比喻是漫畫像「人生的」教科書，至少可以說因為漫畫補足了學校教科書沒寫、但生活必需的資訊。從這個觀點作比喻，才說得上是個好的類比。

如果說：「PowerPoint 的投影片好像漫畫一樣」，又是如何呢？「需要一張張地翻頁」、「使用大量圖片、圖表，視覺上容易理解」、「故事結構很重要，如果這部分不夠出色，容易讓人感到厭煩」，不僅本質部份共通，而且不知道 PowerPoint 為何的聽者也可具體想像，因此我認為是個優秀的類比。

原則3：具有讓人意想不到的特質

儘管如此，若用來比喻的東西有非常多相似之處，不一定能加深對方的理解，**因此保持「適當距離」，也是一個關鍵。**

舉例來說，有人告訴你：「便利商店像自動販賣機一樣。」從可以自由選擇、購買各種東西的特色來看，兩者提供相同的便利性，因此以這一點來類比，難免讓人覺得差強人意。

如果想表示便利商店和自動販賣機一樣，難以管理庫存，可能會比較高明。

另一方面，如果有人說：「便利商店像美式足球一樣」，應該會讓人摸不著頭緒，發出「嗯？」的聲音。因為這兩個東西分別是零售店和運動競技，相當容易令人感到意外。雖然有些牽強，但如果根據原則2說明，會變成以下內容：

美式足球聚集了擅長各種不同領域、擁有頂尖能力的選手，並且組成團隊。同樣地，便利商店也是從食品、含藥化妝品、一般化妝品、雜誌、酒精飲料、香菸、各種票券類等不同特徵的商品當中，篩選出優異、暢銷的商品，組成一家店舖。

然而，如果從原則1的觀點來看，要特別留意：這個例子無法用於美式足球迷以外的人。相反地，如果你說：「美式足球就像便利商店。」就是一個優異的類比範例。

世界上，不存在能準確完美地說明所有面向的類比。如果這樣的類比真的存在，表示這兩樣事物完全相同。追根究柢，類比並不是表示似是而非的事物，而是拿出原本不同卻相似的事物，因此一定會有所差異。

重要的關鍵在於：在現實層面上鎖定自己想說明的重點，並找到適合該部分的類比。如果你能意識到這點，同時聰明運用類比，便能迅速讓對方理解。

POINT

請使用本質相似、對方也清楚瞭解的事物比喻。

NOTE

/ / /

第6章

養成9種日常思考習慣，你也能成為簡報高手！

找出生活中的特定事物，可以發現更多寶藏！

本章將介紹與「提升說明力」的相關技術。

當我認為自己的思考開始僵化時，會嘗試使用「彩色沐浴（color bathing，或稱color bath）」訓練。這個方法就像是「沐浴在顏色中」。簡單來說，是決定某個特定顏色後，觀察四周並找出該顏色的物品。

當我決定目標為紅色，走在路上時，會有許多紅色的東西映入眼簾，但當我決定改成尋找黃色，即使是同一條街道，也會發現原來就有許多黃色物品在我的視野內。這個方法能讓我體會到自己的視野多麼狹隘。

此外，如果將這個方法加以變化，把搜尋對象換成「尋找外國汽車」、「尋找寵物狗」、「尋找自動販賣機」、「尋找使用人物照片的廣告」，看世界的方式也會隨之改變。這也讓我意外地發現，平日白天帶著寵物走在東京都中心商辦區的人，比我想像中更多。

換個方式看待每天接觸的世界，可能成為我們學習的寶庫。我們應該持續努力，不讓日常生活中每個「變得更擅長說明」的機會溜走。羅馬不是一天造成的，提升說明力也沒有捷徑，只能刻意地持續練習。

POINT

日常生活中也要持續訓練自己的思考。

將句子分解成單字，檢視用字遣詞是否精準恰當

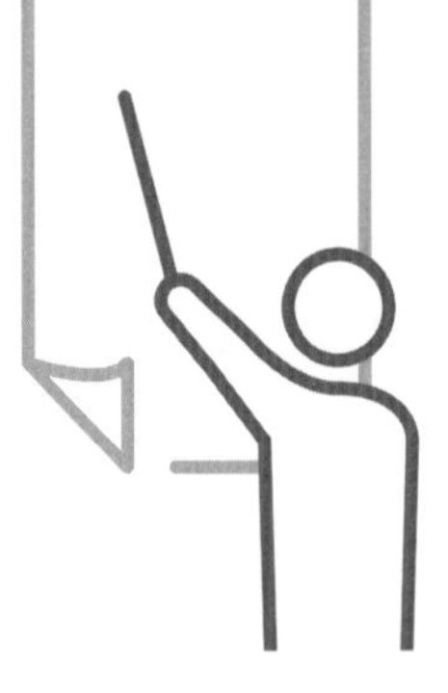

想要有結構地掌握事物，首先必須學會分解要素。將事物切割得更細後，再找出其中的共通點，才能看清本質，並讓內容產生脈絡。因此，讓我們先從訓練分解事物要素的開始。

提到分解，最先想到的應該是前文提到的邏輯樹，或是議題樹（Issue Tree）。這個方法是以基本的「樹」來思考。

關於這部分，各位可以參閱芭芭拉．明托（Barbara Minto）的《金字塔原理：思考、寫作、解決問題的邏輯方法》（*The Pyramid Principle: Logic in Writing and Thinking*），以及齋藤嘉則的《解決問題的專家》。市面上也有許多不錯的書籍，都是很好的選擇。詳細的介紹就交給好書，在此主要是輕鬆地練習如何分解。

將句子逐一分解為詞彙

將文章分解為詞彙是最簡單的方式。舉例來說，當你需要思考如何解決問題時，要確認解決方法是否切中要點，則推薦使用「分解句子」的技巧。

舉個具體的例子，過去在商議如何改善工作時，團隊成員有時會面臨以下的問題並想出解決方法。

- 問題：沒有事前共享最終目標的藍圖，執行後發現與想像有落差，必須重做。
- 解決方法：被交辦工作後，要立刻回報成果。

讓我們試著將解決方法的句子分解，可以拆為「被交辦工作後」、「立刻」、「回報」、「成果」，並且改寫成以下的內容：

「被交辦工作後」、「回報」
「成果」、「回報」

「立刻」、「回報」

在解讀這些要素的過程中，可能會讓你想到以下問題：

- 被交辦工作後、回報↓被交辦工作是回報的前提嗎？
- 成果、回報↓在不太清楚成果的前提下，直接回報真的沒問題嗎？
- 立刻、回報↓速度真的這麼重要嗎？

順帶一提，在這個案例中其實速度並不重要。而且，解決方法應該是要求團隊成員自發性行動，所以用「回報」這個詞也不適當。經過這段分析，解決方法應該是：

- 方法1：在著手推展工作之前，要先大致瀏覽與目標、假設、現狀相關的資訊，並且確認必要的追加調查項目、相關資訊或補充資訊，再推敲方法。
- 方法2：完成前項追加的調查工作之後，再探討是否需要重新評估假設，並且設計要點。

▶ 單字分解

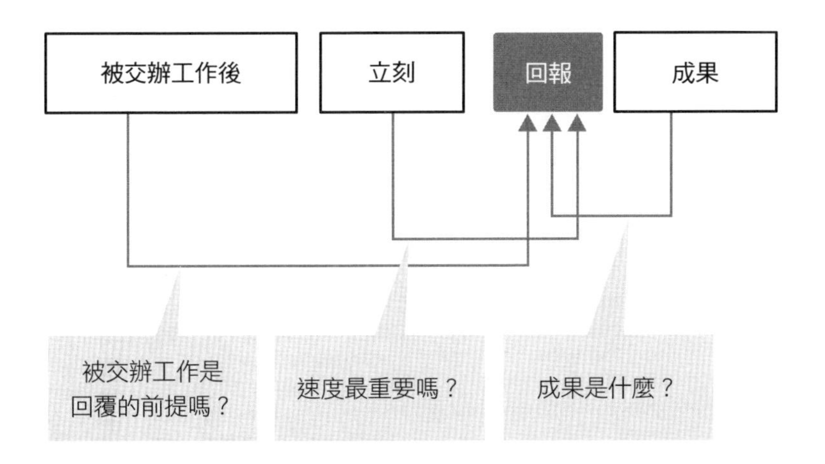

誠懇面對語言，
磨練正確傳達資訊的態度。

將文章分解為詞彙，意味著必須更精準地理解每個詞彙的涵意。**語言原本就是將抽象概念努力化為形式的東西，因此使用正確的語言表達，是溝通的基本原則。**訓練自己正確表達，不僅能強化思考，也能提升說明力。

當你被某人指派工作，或是反過來要將工作指派給某人時，都請試著先將內容分解為詞彙，重新思考內容的本質。

POINT

養成分解語言的習慣，有助於磨練表達力。

學會分解流程，擺脫一個口令一個動作的傻瓜思維

接下來要介紹的技術是「將事物分解為流程」。這次我們稍微試著以輕鬆的主題來訓練。

舉例來說，當有人告訴你：「請準備一個聖誕派對企劃，讓公司全體員工參加」，你會如何思考呢？

首先，應該進行上一節提到的分解句子，可以拆成「員工」、「聖誕派對」、「企劃」等詞彙。這時你可能會發現：員工的定義並不明確。參加者是否只有正職員工？約聘人員、工讀生是否也算在內？眷屬也包含在邀請對象嗎？

分解後才能明確知道什麼是要處理的事情。所謂的「聖誕派對企劃」，具體而言是怎樣的活動呢？讓我們試著用派對進行的流程來分解。

試著分解聖誕派對企劃的流程……

曾擔任過活動主辦者的人，或許會認為以下這些事是常識。將派對依照進行順序分解成小步驟，流程會是：宣傳、召集參加者→接待→舉杯慶祝→長官致詞→自由暢談、用餐→現場活動（嘉賓上台等）→結束派對→送客→付款。

一想到派對結束後還要將客人送出會場，一定相當辛苦，不過我們先不談這些苦差事。看到這些步驟，便能清楚知道各個流程會產生的任務：

- 宣傳、召集參加者：需要向參加者宣傳。
- 接待：需要當日能支援的人手。
- 舉杯慶祝：需要準備酒品，也要邀請長官。
- 長官致詞：需要邀請長官。
- 自由暢談、用餐：需要準備餐點並確認會場配置（例如是否需要椅子等）。
- 現場活動（嘉賓上台等）：需要做事前準備，並確認會場的設備和配置（例如是否需要投影機等）。

- 結束派對：必須設定時間（與派對會場接洽）。
- 送客：需要當日能支援的人手。
- 付款：需要確定人數、研討預算等（包含確認是否需要會費）。

將派對流程分解成詳細的步驟，不僅能清楚確認具體內容，也能重新檢視派對的企劃工作「包含哪些任務」。不過，讓我們換個方式，將企劃工作本身分解成小部分，並依照時間順序排列，會變成：

- 概略掌握人數、預算→預定會場→向參加者宣傳→討論、籌備現場活動的內容→與會場接洽→確定參加人數→當日活動接待→當日活動進行→經費處理→確認下一次活動的交辦事項。

即使用這個方式分解企劃流程，也會與第一個方法分解後的任務大致相同。兩種方式都是細分成自己容易想像的步驟，但以技術面來看，請訓練自己具備從這兩方面分解流程的能力。

如果你原本已經知道企劃本身的工作，使用「分解工作流程」的效率較佳，但如果並不瞭解企劃工作是什麼，或是初次執行企劃的狀況，則應該從前者「分解事物本身的流程」著手。

世界上有許多工作在被交付時，只傳達了人們對目標的想像，有時連交付工作的人也沒有深入思考細節。有的人可能因為自己忙不過來，而將工作交給他人執行，有的人則可能原本就不擅長自己思考。

只要知道如何分解工作，不僅能確實掌握你必須完成或不用完成的任務，也能向委託者提出適當的報告，並共享資訊。當某人向你丟來了一顆球，都應該先分解為要素。換句話說，應該徹底「將內容具體化，並且更深入理解」。

POINT

不論是複雜的工作或狀況，只要分解成流程，就會變得簡單。

▶ 流程分解

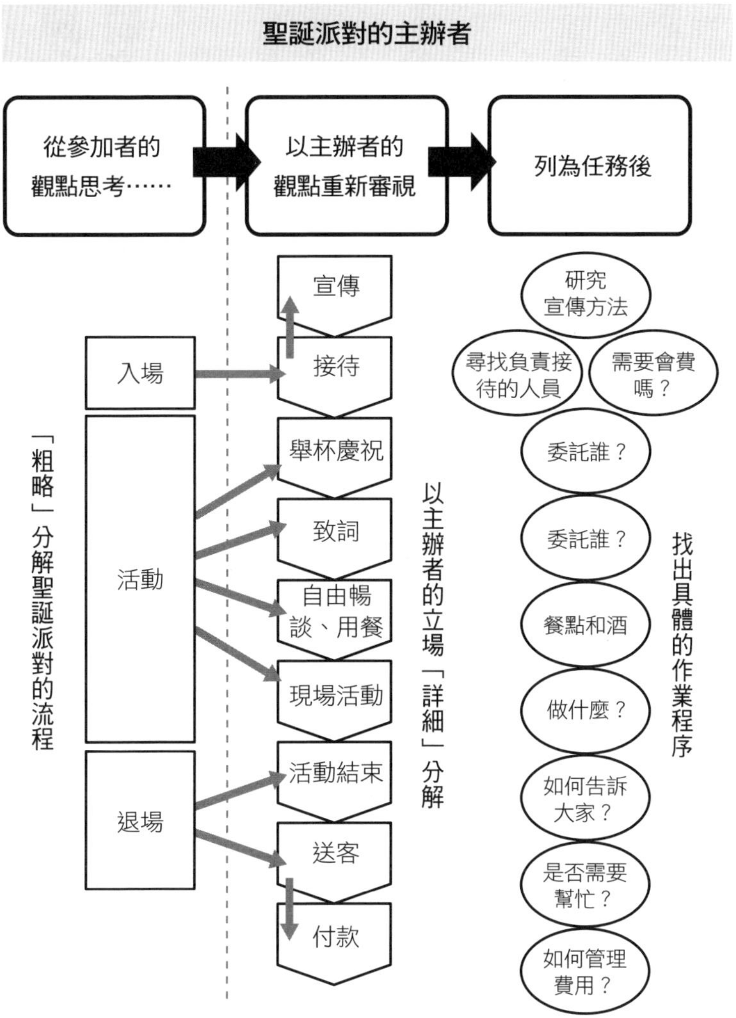

聖誕派對的主辦者

從參加者的觀點思考……

以主辦者的觀點重新審視

列為任務後

「粗略」分解聖誕派對的流程

入場
活動
退場

以主辦者的立場「詳細」分解

宣傳
接待
舉杯慶祝
致詞
自由暢談、用餐
現場活動
活動結束
送客
付款

找出具體的作業程序

研究宣傳方法
尋找負責接待的人員
需要會費嗎？
委託誰？
委託誰？
餐點和酒
做什麼？
如何告訴大家？
是否需要幫忙？
如何管理費用？

訓練自己學會捨棄，為聽者鎖定重點目標

有句話說：「所謂策略，就是捨棄。」要集中重要的資源，並非確定自己要做的事，而是確立不做的事。前文提過，說明時要懂得捨棄，因此這節要介紹訓練捨棄的技術。

最基本的方式，是忍住想說明所有事情的心情。請試著想像自己向朋友推薦餐廳。通常，當我們想要介紹餐廳特色時，應該會列出以下資訊：

- 這家餐廳提供法國、義大利、西班牙等歐洲各國餐點。
- 過去曾開在惠比壽，但幾年前遷移到新宿，還更換店名。
- 餐點相當適合搭配葡萄酒享用。
- 以合理價格提供美味的葡萄酒。

- 使用天然栽培的蔬菜，餐點會使用當季蔬菜。
- 使用許多鹿肉、山豬肉、兔肉等野味。
- 會定期舉辦品酒會，經常聚集許多葡萄酒愛好者，活動廣為人知。
- 某名人曾將在這家店慶生的照片上傳到社群網站。
- 平均一人消費單價約為五千至六千日圓。

如果這些資訊中，你只能選出一個無論如何都想告訴對方的資訊，會如何選擇呢？是提供歐洲各國的餐點？天然栽培的蔬菜？還是是一家名人常去的店呢？

這裡的重點是「捨棄」。請忍住什麼都想說的心情，只鎖定一項特徵。雖然並非要你選出正確答案，但說明時的重點只能有一個，因此你要先考慮是向誰介紹這家店。舉例來說，因為以下不同的情況，傳達資訊的優先順序也會不同：

- 向一起去用餐的對象提議。
- 朋友希望知道適合約會的餐廳。
- 提出適合工作相關人士聚餐的餐廳候選名單。

假如要向一起去用餐的對象提議，我會挑選的特色是「以合理價格提供美味的葡萄酒」。若再增加一條內容的話，則會選擇「餐點相當適合搭配葡萄酒一同享用」。不過，如果只能選擇一項，還是會鎖定在第一個理由。因為我認為，一起去這家店的人是否喜歡喝葡萄酒非常重要。假設對方不喜歡葡萄酒，這家店則會被排除在候選名單，必須改提其他意見。因此應該在一開始表達這家餐廳與葡萄酒相關。

假設是朋友詢問適合約會的餐廳，雖然我認為也應該在一開始就開啟葡萄酒的話題，但畢竟自己未必一起參加，因此應該確實告訴對方來這家店應該點什麼餐點。因此，我會將「推薦野味餐點」、「蔬菜很好吃」，當作第二個重點。不過，如果只鎖定一項特徵，應該還是以葡萄酒作為主要特色。

如果是與工作相關的聚餐，或許會鎖定於「預算」。對方的預算大約是多少？依據情況，太便宜也可能會讓人覺得失禮，因此必須先確認預算。

假如已經向對方確認過預算，是「每人大約五千至六千日圓的餐廳」，則與其他情況一樣，以葡萄酒作為主要推薦的特色。

以下提供了幾個題材，請試著以這種方式，訓練自己精確地鎖定表達內容：

- 最近看的電影。
- 新發售的保特瓶飲料。
- 喜歡的遊戲。
- 漫畫的主角。
- 現在的工作內容。

其實題材要多少有多少，只要每天試著問自己：「如果只能鎖定『一項特色』說明，會選擇哪個重點呢？」這個訓練有助於捨棄不重要的資訊。

請容我重複提醒，請各位試著限制自己只能挑選一項重點。儘管現實中這樣的情況非常少，不過這個訓練可以幫助你不再說出無謂的話。

POINT

訓練自己的鎖定能力，能提升說明力和思考力。

舉例或條件都以「三」為主，調整內容更平衡

策略顧問相當喜歡「三」這個數字，如同第64頁所介紹，「三」給人的感覺相當均衡。在舉出具體案例時，如果只有兩個例子，很難在腦海中想像。此外，奇數比偶數更能找到中心，因此若要試著排列，書寫起來也相當自然。

在前一節曾提到，即使勉強也要試著只鎖定一點，不過這次讓我們嘗試備齊一定的數量，訓練自己以「三」為主。

舉出三個具體實例

首先練習舉出具體實例，請試著舉出會議中常出現的三個失敗例子。

1. 會議目的、目標不明確。
2. 與會人士的理解程度參差不齊。

如果還必須舉出一個例子，你會如何選擇呢？這兩個例子談的分別是會議終點，以及開始時的理解程度。既然如此，加入會議過程中造成失敗的原因，就能取得平衡。因此，你可以再提出「3. 議題的發展順序不適當」或「3. 討論不順利，沒有共識」，組成三個實際案例。

舉出三個條件

接著，我們試著舉出能讓人輕鬆工作的三個職場條件。

1. 職場朝氣蓬勃。
2. 職務內容、負責領域明確。
3. 積極互助合作的關係。

4. 不會拖拖拉拉，結束自己的工作就能輕鬆回家。

這次先舉出了四個條件，因此這時要嘗試將條件重新濃縮為三個。具體而言，應該先理解四個條件之間的關聯性。

首先，職務內容、負責領域明確，應該和結束自己的工作就能輕鬆回家有關。另一方面，如果在職務內容、負責領域明確的狀況下，應該很難達成積極互助合作的關係。這裡也要把相互矛盾的要素明顯分開。

另外，積極互助是使職場朝氣蓬勃的原因。根據以上判斷，可以重新歸納為以下三點：

1. 氣氛朝氣蓬勃、容易溝通。
2. 責任範圍明確，容易劃分自己負責的工作。
3. 有空檔的人會協助其他人的工作，努力提升全體生產力。

當然，**無論在實務上舉出的例子是兩個或四個，其實都不會造成困擾。但是能自**

由控制要素數量，是說明力的重要一環，請務必多加訓練。

POINT

請時時找出「三個」重點吧！

想要整合「粒度」，先從檢視餐廳的菜單開始練習

接下來要練習的是「整合事物層次感」的技術。說個題外話，過去我擔任顧問工作時，讓我感到辛苦的就是整合層次感。

實際上，**當要整理抽象度較高的事物，在分類層次感時，會面臨意想不到的困難，因此建議你先練習整合具體事物的層次感**，最適合的題材是居酒屋的菜單。假設有一張菜單如下所示：

- **居酒屋菜單（例）**

生食：拼盤（大／小）、炙燒醋漬鯖魚、鮪魚、比目魚、竹筴魚

下酒菜：冷豆腐、毛豆、芥末章魚、梅水晶（譯註：「梅水晶」是一種將鯊魚肉、雞軟骨切細後，再與梅肉一起醃漬而成的下酒菜。）

沙拉：綠色蔬菜沙拉、凱薩沙拉、鮮魚沙拉
炸物：可樂餅、火腿炸肉排、章魚天婦羅、炸雛雞、炸豆腐
燒烤：多線魚、柳葉魚、蛤蜊、玉子燒
產地雞肉料理：山椒炒產地雞、大蒜炒產地雞、嫩煎產地雞、治部煮（譯註：典型的日本金澤料理，通常是將鴨肉或雞肉切成薄片，沾上麵粉後，搭配當季的新鮮蔬菜，加入高湯、醬油、砂糖、味醂、酒等調味料，一同燉煮而成。）
串燒：串燒拼盤、雞腿、雞肝、雞肉丸、梅子雞柳條、豬五花、小番茄
飯食：雞蛋拌飯、烤飯糰、炒烏龍麵、海鮮炒麵、漬物拼盤
甜品：自製布丁、香草冰淇淋、黃豆粉麻糬

許多居酒屋的菜單大多都是用餐點的「類別」來劃分。請一邊審視這份菜單，一邊思考接下來的內容。

思考分類的定義

多數情況下，菜單的分類並不符合MECE原則，因此你應該一開始先思考菜單中感到不對勁的地方。

- 什麼是下酒菜：是點餐後會立刻送上來的餐點。
- 燒烤、產地雞肉料理、串燒的差別在於：燒烤包含用網子烤和平底鍋煎。串燒是指插上竹籤後將食材拿去烤。產地雞肉料理，是指使用雞肉的餐點。
- 飯食是指：「收尾餐點」，是喝完酒後會吃的碳水化合物類餐點。

尋找吐槽點

你可能已經察覺到了，剛才的分類有好幾個可以吐槽的地方，請把它們找出來。

- 炸雛雞、雞腿串燒，難道不是「產地雞肉料理」嗎？

- 鮮魚沙拉難道不屬於生食嗎？
- 飯食的類別裡可以包含米飯以外的餐點嗎？
- 如果以上菜的速度思考，把漬物拼盤歸類在下酒菜，不是更好嗎？

嘗試在菜單上追加餐點

接著，試著多加幾樣菜單上沒有寫的餐點。例如：加入鮮魚薄片、生馬肉、酒蒸蛤蜊、茶碗蒸之後，思考應該如何分類。

- 鮮魚薄片雖然不是生食，不過如果分類成「鮮魚」的話，應該可以包含在內。
- 生馬肉雖然是生食，但還是難以跟魚料理擺在一起。
- 酒蒸蛤蜊、茶碗蒸沒有適當的分類。

整理論點

從以上的步驟可以看出，不對勁的原因在於好幾種分類指標混在一起：

- 食材（產地雞肉料理、飯食）
- 調理方法（生食、油炸、燒烤、串燒）
- 點餐時機（最一開始是下酒菜，飯食則是最後）

如果分類的指標混在一起，要素會不斷重複。此外，分類指標也可能遺漏。追加的酒蒸蛤蜊、茶碗蒸既不是炸的、不是烤的，也不是可以立即上桌的餐點，因此無法分類到任何一項類別裡。

當然，顧客未必會因為菜單不符合MECE原則，而感到困擾。但是，如果仔細思考其中不對勁的原因，或許將分類指標統一為「上菜時機」，再加以整理，也是個不錯的做法。例如：下酒菜、前菜、單點餐點、主餐、收尾餐點、甜點。把單點餐點當作副菜，或是將收尾餐點當作主食也很好。

還有，如果單點的餐點變得太多，在其中加上炸物、蒸物、串燒等小分類（子分類）也是不錯的方法。同樣地，在前菜中加入沙拉作為子分類，也是個好方法。如果要將沙拉定義為前菜，應該也會想加入其他餐點。

以上菜時機定義並劃分不同的分類，我認為在「收尾餐點」中，放進漬物拼盤、味噌湯也無妨。

此外，這個分類方法，是使用本書第185頁解說的「流程分解」手法，想像踏入居酒屋到結帳之間的流程，並且適度地分解，就能更符合MECE原則，也更容易整合粒度（層次感）。

POINT

透過日常的題材，注意粒度是否統一。

經常擔任會議紀錄，能快速提升你的歸納能力

概述（summarize）指的是歸納，就如字面上的意思，是捨棄多餘資訊，只鎖定重要事物。前面的章節介紹過鎖定資訊的訓練，以及練習如何減少或增加要素的數量。

在這一節中，將更進一步介紹「聰明地概述資訊內容」的技術。**我建議使用的方法是：逐章概述結構扎實的商業書。**

舉例來說，你可以使用麥可・波特（Michael Porter）的《競爭策略》（Competitive Strategy）、傑・巴尼（Jay Barney）的《企業戰略論》（*Gaining and Sustaining Competitive Advantage*），或是菲利普・科特勒（Philip Kotler）的《行銷管理》（*Marketing Management*），試著概述這類分量厚重的商業書。

要概述這種結構扎實的書，無論在難易度、耐心上都頗具有挑戰性，但可以提升

商務人士的基礎能力，因此我十分推薦使用這個方法。

只要訓練到某程度，概述的速度和品質都會明顯地提升。**重要的是，必須讓別人閱讀你概述後的結果，請對方指點或提出意見。**

上傳至部落格、社群網站等媒介也是一個方法，得以透過他人的閱讀產生各種回饋。即使沒有人留言，以讓人閱讀為前提歸納資訊，也能夠提升訓練效果。

如果不是上傳到網路，而是直接請他人評論，最理想的是請長輩或是經驗比自己豐富的人評價概述的內容或給予意見，便能再次確認歸納的文章是否完整彙整想表達的內容。這也關乎提升概述的品質。

或者，如果有機會出席會議，請自願擔任會議紀錄。即使沒有人特別拜託，也可以在會議紀錄文件的開頭加上「概述」，並且讓出席者、主管或前輩確認你整理好的文字。

這個行為**不只是訓練歸納能力，也是展示你的工作熱情**。同時，製作會議紀錄對提升團隊效率、精確度都有貢獻，可說是一石三鳥。

幾乎沒有人會主動訓練自己的歸納能力，換句話說，絕大多數的人都不擅長歸納。因此，當你成為概述高手時，工作評價將顯著提升。請各位務必試著自我訓練。

POINT

請概述商業書的內容，並且請別人給予回饋。

為朋友量身打造綽號，也是訓練「具體化」的撇步

為了讓概述能力更上一層樓，還得學會具體化（crystallize）的技術，以便找出適切關鍵字，並清楚傳達資訊。重點在於，是否可以只利用某個詞彙或關鍵字，讓對方確實理解想說的話。因此，找出關鍵字後，請從這個觀點確認。

舉本書104頁溫泉旅行的例子來說，我曾提到光是表達「週末去旅行」還不足夠，而應該更具體地說出「和女朋友去箱根旅行」、「在浪漫號上喝生啤酒」，才是重要的關鍵。

在具體化的過程中，必須盡可能地避免使用抽象的表達，並且增加具體性。但如果太過具體，也會出現無法減少文字的困擾，因此要使用「概念化」的技術。

舉例來說，你建議新進員工：「修改電子郵件的錯誤遺漏部分！」「別在客戶面前鬆開領帶！」「打招呼要大聲！」這三個建議非常具體，認真的員工應該會完全遵

照你的指示。

然而，這會導致你必須逐一指出問題，例如：不准遲到、交換名片時要先拿對方的名片等。如此一來，資訊不減反增，因此許多人會選擇使用抽象的建議。

當新進員工被指出：「應該具備社會人士的常識！」但不清楚具體內容，也無法採取行動。結果，主管還是要一項項給予指導。因此，這時必須使用概念化技巧。舉例來說，**我會告訴對方：「請你帶著專業態度去面對工作。」**

「帶著專業意識的社會人士」是原本我想要傳達的概念，希望新進員工將具備專業意識的人作為榜樣，並且採取行動，避免不應出現的行為。

當然，專業的定義因人而異，但新人會開始主動確認自己的行動是否專業，以此作為自己的行為標準。

或許新人可能會弄錯拿名片的順序，但不應該再發生電子郵件有錯漏字、洽談開會遲到等狀況，這是欠缺專業意識的愚蠢錯誤。將具體內容提升到概念的層次，原本最想傳達的內容就變得顯而易見。

在內容中尋找關鍵字（在此為「專業態度」），可以訓練為事物取綽號的能力。

過去有位搞笑諧星擁有幫藝人取綽號的絕技，其實他做的事就是一種具體化。

舉例來說，當有人問你：「山田是個怎樣的人？」應該沒有人會回答他的出生年月日、出身地等資訊。一般常見的回答可能是「有趣的人」、「奇怪的人」，但這些答案都相當抽象。

然而，如果回答：「像賽亞人一樣的人」或「像達爾那樣的人」（譯註：賽亞人、達爾都是鳥山明的漫畫《七龍珠》中的虛構人物和角色名稱），又會如何呢？

若以賽亞人或達爾的概念表現朋友的性格，更深入解釋，可以說成：「雖然個性有點乖僻，很難獲得他人尊敬，但如果作為工作夥伴，則是最強的戰力。」將山田的個性高度概念化。

若是那位搞笑諧星，他應該會再加上形容詞，變成「內向保守的賽亞人」、「抗壓性很差的達爾」，讓人更容易想像細節。

不過，絕對不能取污衊他人的綽號，所以請以尊重的態度取名（當然也不需要告訴對方）。你也可以試著先幫自己取綽號，或者是幫書本、電影等商品取綽號。

舉例來說，你可以試著將電影《星際大戰五部曲：帝國大反擊》（*Star Wars Episode V: The Empire Strikes Back*）說成「壯闊的親子大吵架」，而田山花袋的小說《棉被》則是「不能閱讀的名作」。

取綽號是一種探尋本質的行為，會讓人自然而然地思考，自己該如何表達，才能讓對方清楚地理解本質。

我認為，那名搞笑諧星為了以幫人取綽號作為自己的賣點，在所有錄影現場或事前準備時，一定費盡苦心摸透同台來賓的本質。在適當的時機幫人取綽號，是一件非常困難的事，具備如此專業的能力，實在令人佩服。

POINT

試著訓練自己幫人取綽號。

思考每日午餐的目標，竟然可以訓練「假說思考」？

各位知道「假說思考」嗎？**所謂的假說思考，並不是突如其來地詢問對方、找出正確解答，而是在資訊較少的階段，自己先思考問題的全貌或結論，再創造出假說的一種思考方式。**盡可能地設定假說，也會提升說明力。

以「設定假說」為起點，便能夠修正說話者和聽者的認知，讓我們以具體實例來思考。常見的工作態度是，無論主管、客戶在想什麼，都把它當作正確答案。先不論定型化工作或單純事務作業，對於需要創意發想的工作（＝白領階級工作）來說，這是最糟糕的。

因為對方腦中很少有堅定的正確答案，所以你可能沒辦法猜中對方的想法。會說出「感覺不對」、「總覺得想要更嶄新的東西……」、「我再想想喔……」的人，都無法想像出具體的答案。

遇上這種情況，應該自己決定後便直接採取行動。換句話說，由自己決定答案和假說，也是工作中的假說思考。

當你想要向某人說明一件事，請務必徹底思考出屬於自己的假說，再去面對他。接著，讓我以日常生活中的假說思考案例來解釋。

舉例來說，如果有人問你：「今天午餐要吃什麼？」或是「選出對工作有幫助的三本書」，你應該思考：「要選什麼？」「為什麼選這個？」「為什麼其他選項不行？」

先不參考手邊的資訊，並且刻意不向對方確認想吃什麼、想找怎樣的書，由自己思考出問題的答案，像是：「今天很悶熱，吃些清爽的東西應該比較好？」「昨天午餐一起吃了拉麵，今天就別選麵類。」「下午的工作應該會很忙，吃點補充能量的東西應該不錯。」

經過一番考慮後，最後得出「冷涮豬肉沙拉定食」的結論。如果你詢問對方：「冷涮豬肉沙拉定食如何？」但對方回答：「想吃點份量更多的東西」，就可以知道「今天很悶熱，吃些清爽的東西比較好」的假說錯誤。

此外，為了判斷「不吃麵類、選擇可補充能量」的假說是否正確，你可以試著問：「那麼炸豬排定食如何？」來驗證其他假說。重複這個步驟，有助於在問答中漸漸形成共識。

設定假說的目的，不是要一次得到正確解答，而是在對話中理解哪個部分的假說錯誤，並反覆地修正方向，以尋找正確答案。在這個過程中，對方腦中也會形成符合答案的邏輯。

接下來，我們再試著思考職場中的例子。當主管說：「下週要舉辦部長會議，希望你準備一份企劃草案」，你會如何彙整資料呢？

你不能只思考：「主管認為資料應有的議題或架構是什麼？」而要先找出自己的答案。舉例來說，以下應該都是必要的內容：

- 上次部長會議中報告過的內容，以及後續的發展狀況與成果（更新資訊）。
- 上次部長會議後，新展開的作業分工和結果（工作實績）。
- 今後要持續執行的方法或策略（今後預定的事項）。

接著，還可以從以下的觀點確認：

● 為了因應與會人員（其他部門的主管、更高層的事業部長等）的需求，如果只討論發表者（自家部門的部長＝任務委託人）「應該傳達的事物」，是否足夠？

這裡的關鍵在於，應該向與會人員傳達的事物，可能並非部長想表達的內容。

必須先徹底思考如何設定假說

千萬要記得，別只是單純寫出靈感，而必須深思熟慮地設定假說，或是能以自己方式說明假說背後的理由。**還有，不能只有思考部分，而是徹底勾勒出整體和流程（故事）。為了提高假說的精準度，也應該先調查周邊資訊。**

舉例來說，可以先詳實閱讀前一次部長會議的資料。事先調查不會造成任何損失，雖然有時可能會被主管指責與期待不同，但這有助於拓展整理力（即建構假說的能力）。請試著提出問題：「什麼地方不一樣呢？」「哪個部分吻合呢？」

既然有了假說（草案），如果主管又是見解獨到的人，必然會對你多吐露心聲。

接著，根據主管提出的資訊，驗證假說有何錯誤，並著手修正重點。如此一來，就能完成一份主管、自己和其他人都會認同的成果（提案）。「建構假說↓驗證↓更新」這一連串的流程，就是假說思考。

對主管或客戶而言，願意先深思熟慮、找出自己想法的人才十分珍貴。即使自己沒有思考，依然有人願意整理恰如其分的想法，真的非常方便。再加上，若部屬不過度拘泥，且能不斷更新自己的想法，願意一同探尋自己真正期望的結論，相當值得信賴。

說明事物並非單方面的活動，一邊整理對方的思緒、一邊共同前進，是為了加深對事物的理解，因此應該深刻體驗這段過程。**先擁有屬於自己的假說，再和對方一起修正，就能磨練與提升自己建立邏輯、說明事物的能力。**

POINT

擁有屬於自己的假說，就能確實整理、傳達想法。

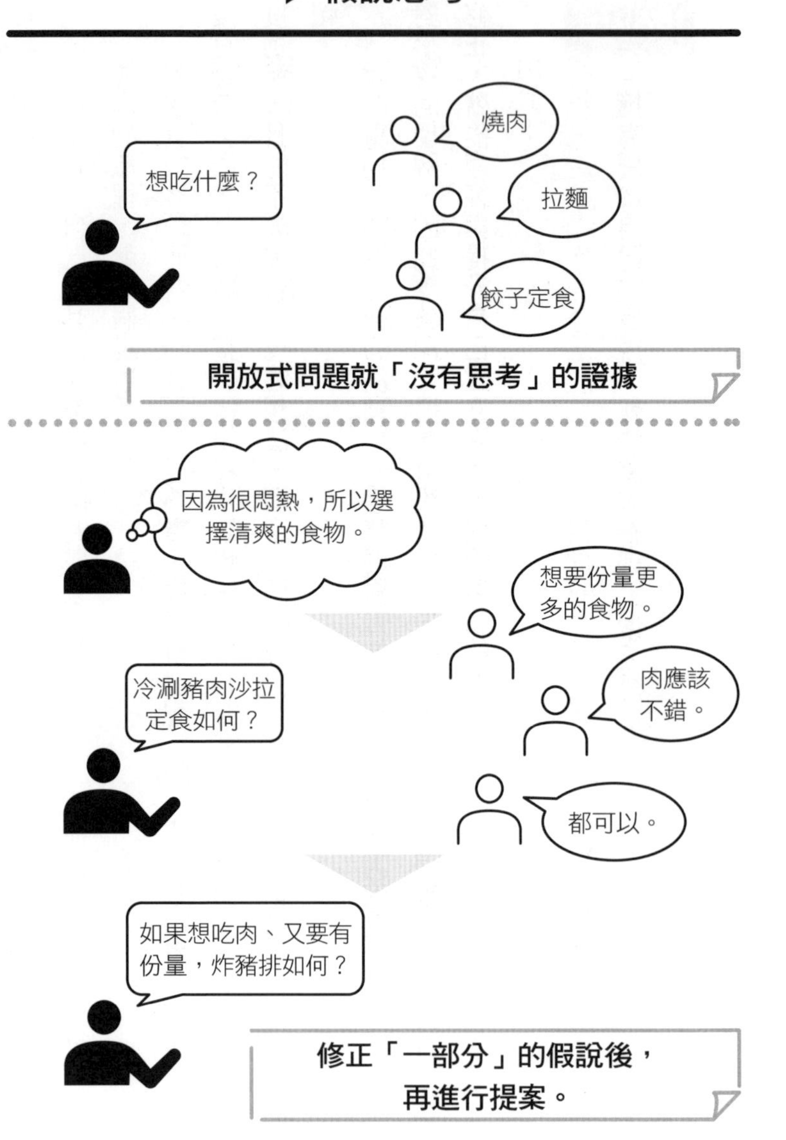
▶ 假說思考
想吃什麼？
燒肉
拉麵
餃子定食
開放式問題就「沒有思考」的證據
因為很悶熱，所以選擇清爽的食物。
想要份量更多的食物。
冷涮豬肉沙拉定食如何？
肉應該不錯。
都可以。
如果想吃肉、又要有份量，炸豬排如何？
修正「一部分」的假說後，再進行提案。

如何解釋「艱難名詞」？學作者這樣使用比喻的絕技！

策略顧問就有如職棒選手

為了更善於使用比喻，建議各位讀者可以練習將職業、業種、業態等，比喻成其他事物（譯註：業種是以經營商品種類為區分，像是服飾、藥品、家電、藥妝等。業態則是以經營型態為區分，諸如便利商店、量販店、百貨公司、網路購物等）。

由於工作的關係，我有時會遇到想成為策略顧問的年輕人，但他們對策略顧問的想像總是有所落差，因此我經常思考，有沒有適合的比喻可用來向他們解釋。最近，決定這樣說：「策略顧問就像職棒選手。」

試著以人數來思考

一場職業棒球比賽的先發球員為九人，包含指定打擊則為十人。加上後援投手、終結者，一場比賽最多十五人參與。簡而言之，將十五人乘以十二個球團，共有一百八十人，可說是最高階層的職棒團隊。

不過，球員也需要輪替，一支球隊若能登記二十八人，就有三百三十六人能組成頂尖的職棒團隊。此外，登錄在正式比賽中參賽的選手，各隊伍最多七十人，因此七十人乘以十二個球團，最多共可登錄八百四十名職棒選手。

另一方面，雖然日本的策略顧問人數定義各有不同，但最多幾百人。即使擴大解釋，我認為也不到兩千人。若包含曾擔任策略顧問的人則有好幾倍。不過，我認為現任者的人數非常稀少。

試著以職業適性思考

職棒選手從小就非常喜歡棒球，而且也非常適合打棒球，體現了「因為喜歡，所以做得更好」的道理，不懈怠於每日的練習。為了以職棒選手的身份打球，甚至願意為了追求更高的技術而持續努力。

同樣地，策略顧問非常喜歡思考，也善於思考。無論再怎麼疲倦，也絕不可能停止動腦。他們如果無法認同自己得出的結果，會渾身不自在，因此會追根究柢、深思熟慮，直到不自在的感覺消失為止。他們也不倦怠於增加知識、拓寬思緒。

事實上，不喜歡棒球的人即使想要成為選手，也很難達成。會抗拒思考、討厭深思熟慮的人，就算想要成為策略顧問，我認為也很困難。

試著以工作內容思考

職棒選手都以結果為導向。雖然追求整個團隊的勝利，但為達此目的，個人成績也不可輕忽。以團隊貢獻為前提，運用個人技術活躍於賽場上，也是對團隊的貢獻，因此以個人立場決勝負取勝也很重要。

尤其在棒球比賽中，許多場面都是投手與打擊者一對一對決的狀況，因此在團隊競爭的競技中，我認為棒球是一種以個人能力比拚，具有單槍匹馬特質的運動。

策略顧問也一樣，團隊合作是工作準則，也是以結果為導向（專案的成功＝向客戶的提供價值）。然而，許多狀況必須以少人數、短時間（例如三個人、兩個月）的條件提出成果，因此每個人都具備極高的能力，必須經常發揮一〇〇％以上的實力。

只要站上打擊區，或是進入商談階段，無論飛來怎樣的球或問題和反駁，都要確實看清狀況，適切地打擊回去，這個部分完全屬於個人技術。

試著以負責領域思考

基本上，職棒選手都必須站上打擊位置揮棒擊球，不過在守備上，依據不同能力會有不同任務。投手必須正確地投出快速球，捕手要高度掌握整場比賽、擁有領導能力，內野手爆發力強且靈巧，外野手肩膀強壯、腳程也快。

像這樣確實安排每一個球員的任務相當重要。策略顧問也一樣，雖然所有人都必須具備基礎能力（＝思考能力強），但每個人都有擅長和不擅長的領域。

溝通能力優異、善於將抽象的概念化為語言、圖表製作能力強、思考跳躍力（想像力）驚人、對某領域（供應鏈管理、業務領域或特定業界）具有深厚的知識、在過去的工作累積豐富經驗（大規模系統的業務設計或運用業務等），都是比基礎再更上層的能力，能在適當的工作中展現成果。因為只有基礎能力還不夠，更需要突出自己的個性。

然而，即使是腳程慢的選手，只要能打出大量的全壘打，也可以是一名最佳戰力。我們也可以說：「即使是溝通能力沒有那麼高的策略顧問，只要思考、整理能力突出，就能為自己創造價值。」

無論在哪一種情況下，都要擁有最低限度的基礎能力。我認為將策略顧問比喻為職棒選手，是滿足第五章介紹比喻三原則的例子。

- 以「原則1：用對方知道的事物來比喻」的意思來說，職棒選手是經常拿來做比較的例子，因此我認為合乎此原則。
- 以「原則2：確實相似」的觀點來看，職棒選手和策略顧問相當類似。
- 「原則3：具有讓人意想不到的特質」，則是將「不瞭解的事物（策略顧問）」和「通常能瞭解的事物（職棒選手）」並列，同時保有適當的距離。

說得更深入一些，由於策略顧問屬於上班族，因此選擇非上班族類型的工作（棒球選手）當作比喻對象，就能確保距離。而且最重要的是，藉由這個例子，能讓人理解策略顧問具有什麼特性。哪怕只有一丁點相似，也可以說是成功的比喻。

如果希望更深入瞭解策略顧問的工作核心，或是無法想像具體的工作內容，比喻會是人們常用的例子：「所謂策略顧問，就像『企業醫生』一樣」。

請思考各式各樣的比喻，再試著創造不同的模式。也請累積這個能力，有機會就在日常生活中使用。在對話中實際思考、嘗試使用相當重要。

如果比喻夠貼切，便能得到其他人對你表示：「確實如此！」即使反應不好，也有改善的空間。為了變得更善於比喻，請每天訓練並且實際練習。確認別人的反應，將會大大幫助你提升說明力。

POINT

比喻的技術，要藉由實踐來磨練。

NOTE

/ / /

結語

期待你，做一個「思考狂人」吧！

如何讓說明變得更清楚易懂？本書彙整了各式各樣的方法。換句話說，為了向各位讀者解釋「說明的技巧」本書是我一面苦思、一面彙整而成的作品。不知道是否對各位讀者的說明力產生正面影響？

這些內容的前身，是我擔任 GiXo 股份有限公司的董事時，發表於公司網站的一篇部落格文章，篇名是〈克服笨拙的說明〉。

我非常喜歡思考，有時也稱自己為思考狂人（thinkaholic）。為了更有效率使用腦袋，必須思考得更多、更深入，我每天都希望自己能到達那樣的層次。如果有更多人願意主動思考，這個世界上，經過思考得出的結果就會不斷增加。如此一來，會減少無謂的浪費、加快工作進度，進而提高社會效率。

那篇部落格文章中，我一直都希望能藉由傳達如何思考事物，才能達到大量、深入思考的境界。

這次有機會以部落格的內容為核心，再次整理並發行成書籍，將思考的技術傳授給讀者，實在相當開心也深感榮幸。說明是發揮有效思考的一環，若講得更深入一些，說明也足以帶給聽者在思緒上的影響。

如同前言提過的，本書雖然著眼於介紹說明事物的能力，但背後還有一層概念，是必須審視自己的思考方式。若能審視、配合說明目的，便能選出最適當的表達方法。

倘若各位能實踐本書介紹的技術，並增加自己的思考量，我會非常開心。**Be a thinkaholic!（做個思考狂人吧！）**

NOTE

/ / /

附　錄

你今天說話的順序對了嗎？一起來複習吧！

※編輯部整理

以下共有 9 道題目，請從題目下方的選項中，排列出最淺顯易懂的說話順序。最後對照 234 頁的解答，檢視自己是否已掌握讓對方容易理解的重點！

【範例】

狀況：與朋友一起去泡溫泉出遊

A：最近天氣好冷

B：冬天泡溫泉很舒服。

C：週末與朋友相約去泡溫泉。

D：一邊泡溫泉一邊欣賞窗外的景致，心情很好。

E：不僅讓身體變得暖和，也放鬆身心。

答案是：CEABD（詳情請見第 50 頁說明）

你答對了嗎？記得先提出話題的前提、結論，並將其他補充資訊往後擺，才能讓聽者快速掌握你想說的重點！

狀況 1：解釋海水為什麼是藍色

A：其實海水對不同波長的光，具有不同的散射與吸收效果。

B：當陽光照到海面時，海水會吸收紅光至黃光，散射藍光，因此呈現藍色。

C：有人說：深海的藍色並不是海水的顏色，只不過是天空藍色被海水反射。

狀況 2：向主管報告工作狀況

A：向您報告關於本週五必須結案的專案工作進度。

B：雖然交貨稍微延遲，但預計今日可以完成交貨。

C：昨日廠商來電，下午已將商品送入倉庫，今日上午完成清點即可。

狀況 3：向客戶提案

A：最新款的清潔劑相較過去的產品，清潔效果增加 120 倍，用量節省 50%。而且不傷手，完全使用純天然成分。

B：今天想向各位說明敝公司新開發的清潔劑商品。

C：使用這款最新商品，可以幫助各位節省使用成本，且不會造成身體負擔。

狀況 4：說服朋友一起去迪士尼樂園玩

A：難得一起出國，希望能和你一起留下美好難忘的回憶。

B：我知道你並不特別喜歡迪士尼，但樂園裡有許多經典的遊樂設施，能讓所有人樂在其中。

C：樂園內的造景也相當用心，氣氛相當歡樂。

狀況 5：宣導走路時不應使用手機

A：在搭乘大眾交通工具、過馬路、行走時，不應低頭使用手機。

B：使用手機容易忽略外在狀況，不只會妨礙他人，還可能造成自身危險。

C：我曾經因為過馬路時低頭使用手機，沒注意來車，差點發生車禍。

狀況 6：介紹從台北到高雄的交通方式

A：搭乘高鐵需要時間最短，台鐵和客運雖然都需花費約五個小時，但台鐵比起客運容易掌握抵達時間。

B：公路可以選擇自行開車或搭乘客運，鐵路則分為台鐵和高鐵兩種方式。

C：從台北到高雄的陸上交通方式，主要可分為公路和鐵路。

狀況 7：討論公司部門聚餐的餐廳地點

A：部門共有十個人，每個人的預算約為五百元。

B：希望是中式合菜料理，預算是五千元以內，可提供十人份量的餐廳。

C：如果中式餐廳沒有符合的選項，可以找有提供包廂的吃到飽自助式餐廳。

狀況 8：解釋阿茲海默症的疾病

A：2017 年台灣的失智症人口據估計超過 27 萬人

B：阿茲海默症俗稱老人癡呆症，是一種神經退化性的疾病，60% 至 70% 的失智症屬於阿滋海默症。

C：症狀包含語言障礙、定向障礙、情緒不穩等行為問題。

狀況 9：指派工作給部門的後輩或部屬

A：希望你可以發揮負責任的態度，順利完成這次的專案

B：主要工作是確認企劃內容的可行性，以及每個階段的監督工作。

C：想請你擔任執行這次專案企劃的負責人。

參考解答

狀況1 **CAB**（請見 053 頁）

狀況2 **ABC**（請見 060 頁）

狀況3 **BAC**（請見 064 頁）

狀況4 **BCA**（請見 132 頁）

狀況5 **ABC**（請見 139 頁）

狀況6 **CBA**（請見 155 頁）

狀況7 **ABC**（請見 165 頁）

狀況8 **BCA**（請見 050 頁）

狀況9 **CBA**（請見 185 頁）

測驗結果

★答對 **9** 題：

恭喜！你是一名善於回報的達人，請繼續保持！

★答對 **5~7** 題：

還有進步空間！請在説話前先將重點挑出來，仔細依照書中的方法練習，再接再厲！

★答對 **0~4** 題：

你是不是常常搞不清楚自己想説什麼？別總是照你想的方式説話，再仔細閱讀本書重點，重新修行吧！

NOTE

/ / /

國家圖書館出版品預行編目(CIP)資料

埃森哲顧問教你6堂回報的話術：重新排列你的「說話順序」，就能讓對方聽得頻說好！／田中耕比古著；黃立萍譯. -- 新北市：大樂文化，2019.02
240面；14.8×21公分. --（Smart；80）
譯自：一番伝わる説明の順番
ISBN 978-957-8710-10-8（平裝）

1. 組織傳播　2. 職場成功法

494.2　　107023609

Smart 080

埃森哲顧問教你6堂回報的話術

重新排列你的「說話順序」，就能讓對方聽得頻說好！

作　　者／田中耕比古
譯　　者／黃立萍
封面設計／蕭壽佳
內頁排版／顏麟驊
責任編輯／林嘉柔
主　　編／皮海屏
發行專員／劉怡安、王薇捷
會計經理／陳碧蘭
發行經理／高世權、呂和儒
總編輯、總經理／蔡連壽

出 版 者／大樂文化有限公司
地址：新北市板橋區文化路一段268號18樓之1
電話：（02）2258-3656
傳真：（02）2258-3660
詢問購書相關資訊請洽：2258-3656
郵政劃撥帳號／50211045　戶名／大樂文化有限公司

香港發行／豐達出版發行有限公司
地址：香港柴灣永泰道70號柴灣工業城2期1805室
電話：852-2172 6513　傳真：852-2172 4355

法律顧問／第一國際法律事務所余淑杏律師
印　　刷／韋懋實業有限公司

出版日期／2019年02月11日
定　　價／280元（缺頁或損毀的書，請寄回更換）
I S B N　978-957-8710-10-8

大樂文化

大樂文化